失敗しない!
クレーム対応100の法則

客訴應對的100條法則

讓客人轉怒為笑的必勝技巧

日本第一流客訴管理大師
谷厚志 著
賴郁婷 譯

前言

讓顧客轉怒為笑的一〇〇個法則

我目前的工作是提供客訴應對的諮詢服務，過去我也曾任職於企業的客服中心，但是當時的我十分討厭應對客訴，不過是為了討口飯吃，才做了那份工作。

那個時候，我每天都要面對一些為了芝麻小事就特地打電話來投訴的人，而且內容還會不斷跳針，一直重複說同一件事。這讓我覺得，會來客訴的全是怪人。因此，我每天都帶著煩躁的心情面對這些怪人，也開始討厭這個世界。

後來，我再也受不了面對客訴的壓力，決定辭掉工作，轉換跑道。可是，當我開始整理自己的工作經歷時，突然驚覺一件很重要的事。

「就算我現在辭職，找到新工作，可是萬一到了新公司，又被分配到客服部門，

難不成我又要辭職換公司嗎？」這是我人生史上最重大的發現。

新公司可能會因為我之前有應對客訴的工作經驗，所以又把我分配到客服部門，或是經常需要面對客訴的部門。除非我停止逃避應對客訴，否則結果只是不停換工作。

換言之，我意識到「我應該做的不是換公司，而是改變自己」。如果想要每天開心工作，在不改變現今處境的情況下，唯一的辦法就是改變自己。

我總是告訴兩個孩子：「不可以挑東挑西！」但自己卻做不到。

於是，我做的第一件事情就是：**改變自己對客訴的想法**。

我最大的問題是，一直想逃避「應對客訴」這件事，所以我決定從今以後不再逃避，而是試著去面對它、擁抱它。

在我這麼做之後，一開始並不是很順利，但不久後，我瞭解到一件事。

顧客之所以「不停重複說同樣的事情」，是因為一直以來我的態度都是認為「連這種事情也要客訴！」從來不曾真誠地傾聽顧客的困擾。

我驚覺到，顧客的憤怒不只是因為「商品太爛」、「服務不好」等，還包括了我敷衍的態度。

實際上，如果靜下心來仔細聽這些客訴的內容，就會發現很多顧客的心情都是：「我願意繼續給予支持，但如果品質還是這樣，實在會讓人很困擾」、「如果繼續提供這種服務，你們公司會關門大吉的」、「我是擔心其他客人也跟我有同樣的感受，才會好心提醒」，用意都是在提醒我們哪裡做得不夠好。

那時候我才意識到，原來客訴是如此令人感激的一件事。

在決定改變自己之後，我得到許多新的體悟，也開始能夠接受他人的價值觀，用感激的心情看待所有事物。對於應對客訴這份工作，我的心態有了轉變，也得到許多收穫，更因此學會將顧客的憤怒轉化為笑容的應對技巧。

本書收錄了我改變心態之後所發現的一〇〇個使顧客轉怒為笑的必勝法則。

各位可以從目次中找出自己感興趣的章節直接閱讀，我想那些應該就是你現在正面臨到的，急欲找出答案的問題。請大家依照自己的需求來閱讀這本書，從中找出改變自己的關鍵答案。

也許在讀完這本書之後，你對客訴會有不同以往的看法，願意用更積極的態度去應對客訴。我相信，這本書的內容一定會讓你躍躍欲試。我很期待大家都可以把這本書當成一輩子受用的實用書，隨時擺在身邊，有需要的時候就拿起來翻閱，讓自己每天都能開心面對這份「應對客訴」的工作。

目次

第2章

沒有人會教你的，應對客訴的正確心態

第3章

絕對會成功的客訴應對技巧

第4章

技巧再提升！客訴應對的高級技巧

第5章

擅長應對客訴之組織的共同特點

最終章

免於被客訴的工作習慣

第1章

學會應對客訴後的意外收穫

客訴社會的求生技巧

001

懂得應對客訴，就能得到公司的器重

「眼前的客戶正氣得破口大罵……好可怕！可是又不是我的錯，啊！我該怎麼辦？」

這應該是每個人面對客訴時的心情吧。

覺得「客訴好可怕」的人，都有一個共通點，就是不懂得應對客訴的方法，或者是以前沒有處理好客訴，卻不曾想過要進一步去學習應對技巧。

換言之，這些人是因為不知道如何應對，才會對客訴心懷恐懼。

大部分企業在針對新進員工的教育訓練中，都不包括上班族必備用語、電話應對方法，以及客訴應對技巧等內容。

因為大家都認為，客訴只要視情況臨機應對就好，不需要特地納入訓練當中，所以多半的企業都不會對員工提供這方面的教育訓練。

一般都說，客訴狀況多的企業，員工的離職率也會普遍偏高。其實這是不正確的說法，並非客訴多才會導致員工離職，真正的原因是員工不知道如何應對客訴。員工是因為平時沒有機會學習應對客訴的方法，遇到客訴時無法妥善應對，導致內心對客訴產生恐懼陰影，於是乾脆辭掉工作。

換個角度來說，只要確實學會應對方法，客訴就不再可怕了。學習完整的應對技巧，可以讓你不再逃避，改用積極的態度面對客訴。學會了之後，這將是受用一輩子的商業溝通技巧，甚至能成為你在職場上的武器之一。

另一個更大的好處是，面對大家避之唯恐不及、最不想面對的工作——應對客訴，只要你懂得方法，不管走到哪裡，都會成為公司器重的人才。換言之，你就能成為公司裡不可或缺的重要角色。

客訴心理學

客訴之所以可怕，是因為你不知道如何應對它。

具體行動

針對大家都討厭的客訴，想辦法學會應對技巧，提高自己的人才價值。

002 學會轉怒為笑的法則，所有問題都能迎刃而解

人工智慧（AI）和機器人的開發，將逐漸取代人類的工作及雇用情況。近年來，這一類的相關新聞報導愈來愈多，但是，唯獨應對客訴這項工作，是機器人取代不來的。

雖然機器人不會抱怨工作，但相對的，它們也無法瞭解顧客抱怨的心情。只有人類才能夠使抱怨的顧客轉怒為笑。

今後的社會型態將會演變成，那些能夠勝任機器人做不到的應對客訴工作的人，才有辦法享受工作的樂趣。

如果你害怕發生客訴，事情就會做不好。不過，只要你學會應對客訴的技巧，遇到客訴就不再會有壓力，能夠每天自在地開心面對工作。

有一點請大家務必記住，應對客訴不是一味地被動忍耐，而是必須認真看待顧客的抱怨，並且妥善做出回應。這麼做才能理解顧客的心情，顧客也會感到放心，而不是變得更生氣。

這個世界上充滿著各式各樣的客訴，甚至前陣子聽說還有超商老闆接到顧客的投訴指出：「最近總覺得我老婆煮的飯菜變難吃了，這都是你們超商的便當太好吃害的！」（笑）

如果接到這種客訴，你會怎麼回應呢？

或許你會生氣，覺得自己沒辦法一一應對這種離譜的客訴內容。不過，實際上接到這則客訴的超商老闆，是這麼回覆的：

「原來如此，我十分瞭解您的心情。不過，如果總公司聽到這種顧客心聲，應該會很開心，非常謝謝您的寶貴意見。」

據說那位顧客後來笑著離開超商，最後還說了一句：「我得叫老婆煮飯認真一點，別再偷懶了！」

正是因為超商老闆懂得「**認真看待**」的應對法則，所以這場客訴最終才能完美落幕。

客訴心理學

那些會客訴的人，都是想跟人類說出自己的不滿，而不是對無法理解抱怨的機器人說。

具體行動

想讓顧客轉怒為笑，必須先認真看待顧客的抱怨。

003
投訴的顧客都是被害者，而非加害人

很多人都會跟我說：「每次一接到客訴，我就覺得心好累，充滿無力感，整個人魂不守舍的，接下來根本沒辦法工作。」

我通常會告訴對方：「千萬別讓客訴影響你的情緒，這是最浪費時間的事。」

面對客訴之所以充滿無力感，最大的原因是，你把自己當成了「被害者」。「我又沒錯事，為什麼非要跟我抱怨不可？」如此忿忿不平的你，不僅把顧客視為壞人，也把自己當成受到嚴苛對待的被害者。

在這裡要提醒大家的是，**在應對客訴的時候，顧客才是被害的一方。**

大多數的顧客不會沒來由地隨意抱怨，也不是針對出面應對的你而發脾氣。他們只是想要得到認真的服務卻無法如願，所以感到失望。

因為手機故障而氣憤投訴的顧客，他的抱怨並不是針對你，而是手機壞了，害得他沒辦法透過 LINE 跟朋友聯絡，讓他十分困擾。這時候的他，只是希望你做點什麼事來幫幫他。又或者他想在超商買個便當吃，卻沒辦法使用手機裡的電子錢包付錢，不知道該怎麼辦。

顧客都是因為遇到了麻煩卻無法解決，才會提出抱怨。應對者如果不能意識到這一點，很容易會覺得自己成了憤怒的出口，不斷遭受顧客不合理的抱怨。

如果是這樣的話，當然你每一次面對客訴時都會感覺身心俱疲。

我常常跟大家分享一個能快速扭轉對客訴之看法的方法，就是告訴自己：「應對客訴其實是在幫助對方！」如果能夠把應對客訴看成一件助人的事，面對眼前這個遇到麻煩卻不知如何是好的顧客，自然會有莫名的勇氣想要幫助對方解決問題，並貼近對方的心情，設身處地為他著想。

客訴心理學

顧客都是因為「希望自己的困擾能夠被理解」，才會投訴。

具體行動

把應對客訴當成一個發揮能力來盡力協助顧客解決問題的機會，你就不會再覺得身心俱疲了。

004 成功的應對，會給自己帶來快樂的心情

那些害怕客訴的人的共通點之一，就是有一種錯誤的認知，認為會客訴的人都是惡劣顧客，也就是俗稱的「奧客」。

這是因為他們太過於盲目聽信電視和網路上那些惡質客訴的案例，導致相信自己也會遇到那種惡劣顧客，所以絕不能讓對方有機可趁。

實際上，那種會要求對方下跪道歉，或者是想要趁機索取賠償的惡劣顧客，一百個投訴者當中，也許連一個都遇不到。

我想先問大家一個問題：

你覺得應對客訴，最終的目的究竟是什麼？

我個人的答案是：「**和顧客建立良好的關係**」。我希望大家把這本書當成一個好機會，改變過去認為「客訴的人都是惡劣顧客」的想法。

應對客訴的重點，不在於反駁顧客，辯贏對方，而是想辦法和對方心意相通，拉進彼此的距離。

你應該先傾聽客訴的內容，如果是自己造成顧客的困擾，就必須採取實際行動，盡全力彌補對方。

許多在第一線應對客訴，擁有豐富經驗的老手都會告訴你：

「當客訴圓滿解決，跟顧客達到心意相通且建立良好關係的時候，心情會特別開心！」

我當初之所以想學習更多應對客訴的技巧，就是因為客人的一句話：「謝謝你願意聽我說話，完全沒有逃避。」這句話令我打從心底感到開心，至今仍難以忘懷。

我真心期盼，各位有一天也能體會這種成功解決原以為無法處理的客訴之後，所帶來的成就感和開心的心情。

客訴心理學

那些會客訴的顧客，都不想被當成惡劣顧客。

具體行動

若要跟顧客建立良好關係，從今天開始就拋掉「客訴者都是壞人」的想法。

應對客訴的經驗，有助於學習「大人的教養」

我覺得自己在學會應對客訴後的收穫之一，就是變得更能理解他人的痛苦和對方的心情。

那些會提出客訴的顧客，通常都有各自的理由，有時在一時之間會無法接受應對者的說法和解釋。但過去的許多經驗告訴我，在這種時候千萬別放棄，要繼續貼近顧客的心情，耐心做出應對，對方終究將會慢慢打開心房，到最後甚至比提出客訴之前更信賴你。

應對客訴是一項能學會「大人的教養」等有意義的工作。我認為，所謂「大人的教養」，就是「能夠站在對方的立場思考的能力」。

這不只是應對客訴，同時也是面對所有工作的基本能力。

面對客訴，如果一心只想「趕快解決」、「真想逃離現場」，這種心情通常都會被顧客看破，反而會讓對方更生氣。

舉例來說，有些業務員在遇到可能演變成客訴的問題時，會選擇靠自己解決，不向上呈報。

這種人通常只會想到自己，覺得「被客訴太丟臉了」、「不想讓主管生氣」，完全不會站在顧客的立場思考。

在這種情況下，最糟糕的結果就是，光靠自己完全解決不了，導致顧客直接向主管投訴，等於同時失去了顧客和主管雙方面的信任。

當你站在顧客的立場時，客訴的問題就會變成你和顧客之間共同的問題。把問題當成自己的事情來解決，你和顧客之間才能建立起夥伴關係，顧客也會認為你是跟他一起解決問題的同伴，如此一來也不會再隨便亂發脾氣，或是提出不合理的要求了。

客訴心理學

應對客訴時，如果你只想著自己，終究會被對方看破。

具體行動

若想跟顧客建立良好的關係，就要記得隨時站在顧客的立場思考。

006 學會應對客訴的好處2

應對客訴有助於學會傾聽

在被分配到客服中心之前，我是個不懂得傾聽的人。

由於害怕被否定，所以我在跟人交談的時候，通常會自顧自地說出自己的想法，並且試圖說服他人接受。

後來，我被分派到客服中心，剛開始在處理客訴問題的時候，最常聽到顧客跟我說的一句話就是：「你根本完全不懂我的心情！」「你能好好聽我說話嗎？」

我一直被顧客這麼指責，久了之後，我決定閉上嘴巴，先不去想要怎麼解決問題，只管專心傾聽，接受對方所說的一切。

這時候我才知道，其實**顧客「很怕說出自己的抱怨」**。

「說出來之後會不會被當成惡劣顧客？」

「萬一投訴的問題被打回票，說不定心裡會更生氣。」

「萬一是自己的誤會，那就糗大了。」

雖然顧客沒有說出口，不過他們在提出抱怨的時候，其實都是懷著這種不安的心情。因此，當我學會傾聽並接受顧客所說的一切之後，脫口而出的回應變成了：「原來如此，我瞭解您的問題了，也非常明白您的憤怒。」

這樣的回覆會讓對方十分放心，並且說：「你懂就好，我還是會繼續支持你們，希望下次別再發生同樣的問題了。」說完便掛電話。等到下一次，我們已經能開心地笑著對話了。

所謂溝通，就是傾聽對方說話，理解對方的心情。如果能隨時提醒自己這一點，你的溝通能力將會大幅提升。這麼一來，無論是在職場或日常生活的人際關係，煩惱也會減少許多。

客訴心理學

顧客對提出客訴這件事，也同樣抱持著恐懼。

具體行動

培養傾聽的能力，讓自己無論在應對客訴或是日常生活中，一切都能順心如意。

第2章

沒有人會教你的應對客訴的正確心態

007 把應對客訴當成自我成長的機會，心態就會變得更積極

近十年來，一般企業和店家接到的投訴數量，成長了將近十倍以上（*根據筆者自行調查的數據）。

同樣的服務，有些顧客感到滿意，當然也會有不滿意的顧客。有人覺得甜甜圈好吃，也有人會氣得大罵：「為什麼中間有個洞？店家偷工減料！」這就是現實社會（笑）。

沒錯，在工作上就是免不了會碰到客訴。既然逃不掉，就乾脆張開手臂歡迎它吧！我認為，大家在心態上都必須做好這樣的調整。

我在客訴應對的相關演講和講座中，通常不會教大家面對客訴時，「不要逃避！鼓起勇氣來面對它！」

我反而會告訴大家：「就算覺得緊張害怕，也沒關係，試著讓自己更貼近顧客的心情，那就對了。」

要怎麼做才能更貼近顧客呢？

我的答案是：「面對客訴時，你要告訴自己『這是個大好機會！』。」

以前，我為了寫雜誌專欄，採訪過許多不同行業的人，針對客訴跟他們聊了許多。從這些各行各業的客訴經驗中，我瞭解到一件事，那就是，有些人就跟過去的我一樣，覺得應對客訴「好麻煩，不想面對」，態度消極。可是相反的，有些人卻是以積極的態度看待客訴，例如：「如果沒有客訴，便無從得知自己哪裡做得不夠好」、「那種會投訴的人，都是喜歡我們商品的人」等。

甚至有某位老闆十分肯定地說：「客訴這種逃避不了的問題，每一次順利解決，都會讓人快速成長。」

這個世界上，有很多人不把客訴視為「討厭的東西」，反而相信「**客訴＝大好機會**」。各位不妨也將應對客訴看作是自我成長的最佳機會，只要能這麼想，就不會再對客訴感到有壓力了。

客訴心理學

藉由客訴點出的問題，會讓己方組織的缺點變得更明確。

具體行動

試著把應對客訴當成收集情報的「大好機會」。

正向看待應對客訴的方法 2

008

客訴聽多了，有助於開拓價值觀

對我來說，從事應對客訴工作最大的收穫，就是自己的價值觀變得更有包容性，不再狹隘。

這個世界上有各種不同想法的人，就連近幾年來的客訴，也有愈來愈多令人出乎意料的內容。

以前，曾經有人在看完電影之後，向電影院投訴：「你們給我第一排的位置，害我要一直抬著頭才能看電影，我要求退費！」

各位也許會認為：「怎麼會有這種客訴！根本是惡劣顧客嘛！」但我不會這麼想，而是一笑置之，告訴自己：「這個世界愈來愈有趣了。」為什麼要這麼想呢？這是因為，**如果覺得這個世界很討厭，只會讓自己更煩躁，這麼一來就只是在浪費時間而已**。

那種會受到他人言行舉止的影響而生氣或感到煩躁的人，通常都是只會用自己的價值觀思考的人，因為覺得「換作是自己才不會這麼做」，所以才生氣。不過，一旦解開自我價值觀的限制，學著接受他人不同的想法，例如：「原來有人是這麼想的」、「這種想法還真新鮮」，心情就不會再感到煩躁了。

先前提到的關於看電影的客訴，當時接受客訴的正是電影院老闆本人，後來他笑著跟我說起這件事。各位知道他當時是怎麼回覆客人的嗎？

對於那位客人的投訴，他的回覆是：

「原來如此，坐在第一排確實會看得脖子很痠。真的非常抱歉，害您沒辦法開心看電影。」他先向客人賠不是，然後緊接著說：「其實現在可以事先上網挑選自己喜歡的位置，下次請您一定要試用這項服務。」直接為客人下次看電影提出使用建議。

後來，那位客人對自己的意見被接受，感到很滿意，只說了一句：「我下次會試用看看。」就直接離開了。

客訴心理學

解開價值觀的限制之後，就算遇到再奇怪的客訴，也不會大驚小怪了。

具體行動

尊重對方的價值觀，告訴自己「是我們想得不夠周全」，用這樣的心態去做出應對。

應對客訴時，避免情緒化的方法

009

只要把客訴看作是「建議」，就會希望客訴愈多愈好

「客訴的內容中，就隱藏著改善工作的提示。」這是在應對客訴方面，知道就是賺到的觀念。

接到顧客的投訴時，也許你會覺得很討厭，有時候甚至不甘心，覺得自己都已經這麼認真工作了，竟然還要被投訴。

可是，如果換個角度來看，難道不能**把客訴看作是「顧客提出的建議」**嗎？

也就是說，你應該把顧客的期望具體化，當成改善工作方式的提示來思考。

那些顧客評價高、業績好的公司，特徵之一就是懂得從客訴中學習，藉此一步步改變公司的作法。

如果自己的公司或店家一再出現相同內容的客訴，這時候不必沮喪地覺得「怎麼又來了……」，而是應該告訴自己，這表示顧客對自己有所期待，只要想辦法避免同樣的客訴繼續發生就行了。

我覺得，全日本在應對客訴上做得最好的企業之一，就是食品公司「卡樂比」（Calbee）。

據說以前曾經有顧客針對卡樂比的長銷商品「蝦條」，提出「很鹹」、「太鹹」的意見。卡樂比將這些意見視為顧客的建議，開始思考：「是不是應該研發另一款減鹽蝦條來販售？」於是，他們馬上制定商品企畫，並且做出試吃品，還實際將試吃品和意見表，寄送給當初提出「很鹹」意見的顧客，邀請他們試吃並提供意見。

幾個月後，「卡樂比減鹽五〇%版蝦條」正式在全日本上市販售，展現出該公司令人讚許的企業態度。

這是一個將客訴視為建議的絕佳範例，站在投訴者的立場來看，當然會很高興自己的意見被採納，也會樂意跟身邊的人分享這件事和商品。

客訴心理學

把客訴當成抱怨看待，或是視為顧客的意見和期望，你的應對方式將會跟著截然不同。

具體行動

換一種心態，從客訴中吸取建議，改變工作方式，重新贏得顧客的笑容。

＊參考資料：《Calbee 客服中心：將客訴轉化為粉絲的祕訣》（Calbee 客服中心著，二〇一七年，日本實業出版社）

010 對客訴心懷感激的方法

透過客訴來重新審視工作方式，就能獲得全新的想法

客訴就像是工作的「健康檢查報告」，當客訴發生時，代表工作上存在著某些問題，倘若你不把握機會改變工作習慣，將來很有可能會導致重大問題發生。

企業在調整工作方式和習慣的時候，很多都是**從客訴中找到靈感，開發出顧客會喜歡的全新服務或商品**。

以下是某家居酒屋的案例。這家居酒屋有好幾次在美食網站上被人留下負面評論，內容寫道：「從最後點餐時間到結束營業之間，店家的服務態度很隨便，讓人感覺很不舒服！」

對於這樣的負面評論，居酒屋老闆非常懊悔，同時也對來店消費的顧客感到相當抱歉。

為了不再讓顧客有這種不好的感受，這位老闆所做的第一件事情，就是改變店內的作業方式，要求員工在最後點餐時間結束之後，不得提前打掃廚房地板或是結算營業額，以確保顧客能在放鬆的氣氛中慢慢用餐，而不是有被趕走的感覺。

關於這些作法，大家應該都想得到，不過，接下來才是這位老闆用心的地方。

在營業時間結束的前三十分鐘，他會親自站在店門口，一一詢問在最後點餐時間才上門的顧客：

「請問您是想簡單喝一杯呢？還是想好好地吃頓飯？」

如果是「想簡單喝一杯」的客人，他會建議對方：「這裡的樓上有間酒吧，距離結束營業的時間還有兩個小時，您在那裡可以更放鬆地喝一杯！」如果是「想好好吃頓飯」的客人，他也會介紹對方：「我知道有家居酒屋的烤雞肉串很好吃，而且是營業到清晨！」

這個作法不僅讓客人樂於得到有用的情報，獲得介紹的酒吧和居酒屋也都非常感激他。

不只如此，後來很多顧客都因為老闆而成為店裡的常客，而那些被介紹的酒吧和居酒屋，也會反過來為他介紹更多客人。

客訴心理學

工作上的壞習慣，才會讓顧客特別想抱怨。

具體行動

聰明善用客訴，開發全新的服務。

011

增加詞彙能力，可信度也會跟著提升

有個問題可以簡單分辨出你是不是擅於應對客訴的人。

那就是：「**你能說出幾個表示道歉的詞彙？**」

擅於應對客訴的人，通常都能輕易地說出二十個以上表示歉意的說法。如果是新手，大概只能說得出「很抱歉」和「非常抱歉」這兩種說法而已（笑）。

應對客訴時，你必須具備一定的詞彙能力，才有辦法讓顧客轉怒為笑。

這是因為，即便你能夠理解客訴者失望的心情，但該說的話沒說，顧客當然感受不到你的歉意。

在面對客訴的第一線，最常見到的一種情況是，第一時間很帥氣地站出來表明：「我是這裡的負責人！」可是接下來除了「抱歉」以外什麼都不會，同樣的說詞一再反覆跳針，結果當然只會惹得顧客更生氣：「跟你說沒用！叫你們主管出來！」這就是最典型的客訴場面。

應對客訴必須具備哪些詞彙能力呢？以下我為大家整理了一些至少應該要會的表示歉意的說法。

・表示歉意的詞彙

「抱歉。」

「抱歉給您帶來不便。」

「實在非常抱歉。」

「造成您的不便，非常抱歉。」

「非常不好意思。」

「實在非常丟臉。」

「我們會深刻反省。」

「我們做得不夠好……」

「是我們設想得不夠周全。」

「我們實在不知道該怎麼表達對您的歉意」

「我們沒有辯解的餘地。」

「我們會銘記在心。」

學習應對客訴，在某種層面上就像是在學說話一樣，詞彙量的多寡，是決定應對成功與否的關鍵，因此，平時就要多充實自己的詞彙能力，到時候才能自然地脫口而出。

客訴心理學

以顧客的感受來說，會覺得懂得各種道歉說法的人比較有誠意。

具體行動

平時多充實應對客訴的詞彙，讓自己能夠隨時做出反應，運用自如。

012 客訴者的心態

正因為是老顧客，才會時常抱怨

各位的公司或店家，是否也有動不動就抱怨的老客戶或常客呢？

你也許會想：「既然有那麼多抱怨，不會乾脆去別家店消費就好……」不過，會這麼想就表示，你一點都不瞭解顧客提出抱怨的心理。

最常投訴的人，通常都是常客，不是新客人。

這是因為，**常客都是抱著「想繼續支持店家」、「希望店家變得更好」的心態，才會把自己的不滿說出口。**

雖然對方經常抱怨，卻是基於「想繼續支持」的心態，所以你不必擔心會流失顧客。可是，如果顧客投訴了好幾次，都沒有獲得店家的改善，顧客便會認為自己的建議不被採納，於是乾脆閉上嘴巴，靜靜消失，從此不再上門光顧。

如果你以為「那個老是客訴的客人再也沒有出現，真是太好了」，可就大錯特錯了。有些客人也許不會直接說出不滿，但是會到處跟身邊的親朋好友說你們公司或店家的壞話，這就叫作「沉默客訴者」（不直接說出口的客訴者）。

一旦出現這種沉默客訴者，你想要阻止負面評價就相當困難。以現在來說，甚至可能在社群媒體上被留下負面評論，而且還被四處轉貼流傳。

大家可以在社群媒體上搜尋「#claim」標籤的貼文，會發現不只是公司名稱，就連店家地址和店員的名字，全部都會被揭露在網路上。

換言之，任何一家公司或店家，都可能在不自覺間失去評價和商譽。那麼，該怎麼做才能避免這種情況發生呢？

答案是，必須把客訴當成「決定顧客是否願意繼續支持的關鍵」，或是留住顧客的「最後大好機會」來看待，誠心面對抱怨的客人，並且積極針對投訴的內容做出回應。

客訴心理學

客訴在表面上看起來令人畏懼，其實背後充滿了顧客的愛與支持。

具體行動

對於經常抱怨的常客，更要用心應對，把對方變成自己的忠實粉絲。

業績增加，客訴肯定也會跟著變多

曾經有個美髮沙龍的老闆跟我說：「我想開分店，可是擔心客訴會因此變多。」

我告訴對方：「如果店面增加，客人跟著變多，客訴最好也呈現等比例的增加，才算是正常現象。」

那種會賺錢的企業和店家，通常客訴也會跟著變多。如果顧客變多，客訴卻沒有增加，不代表每個顧客都很滿意，很可能是客人把不滿放在心裡，沒有當面說出來，下次就直接選擇其他店家了。這種時候，你反而要擔心是不是店裡給人一種難以把客訴說出口的氛圍。

增加十個客人，等於增加「十個人的期待」。

以美髮沙龍來說，有些客人希望「設計師能提供適合的髮型建議」，有些客人則希望「跟設計師開心聊天，好好放鬆一下」。

如果這些期待沒辦法獲得滿足，當然會引發顧客的不滿。

若是顧客當面提出抱怨，店家就要虛心接受對方的意見，提升服務，改變待客方式，盡量滿足顧客的期待。

曾經有一位製造公司的公關負責人來聽我的演講，分享該公司的經驗。

這家製造公司對於自家商品的品質十分要求，嚴格控管製造流程，可惜還是會有千分之一的不良率。

也就是說，出貨量愈多，顧客收到不良商品的機率就會愈高，成了該公司最大的煩惱。

針對這個問題，最後公司採取的對策，是提升製造技術以降低不良率，同時以發生客訴為前提，針對全體員工進行客訴的應對訓練，讓每位員工都具備應對能力，藉由這樣的售後服務來獲得顧客的信賴。

客訴心理學

沒有客訴，不表示顧客沒有抱怨，他們可能是不好意思說出口。

具體行動

以發生客訴為前提，事先做好應對準備，以贏得顧客的信賴。

014 應對客訴能帶來的最大效果

解決顧客的問題之後，就能與顧客建立堅定的信任感

在社會上，能夠積極看待客訴的人，目前仍屬於少數，大部分的人還是會認為「不能讓客訴發生」。

如果是抱著這種心態工作，當客訴發生時，很自然地就會想要隱瞞。

請大家一定要瞭解，發生客訴本身並不是什麼壞事，試圖隱瞞才是最大的問題。

不論再怎麼提升服務品質，客訴還是會發生，所以要有「客訴永遠不會消失」的認知，並思考當客訴發生時該如何應對。

如果說到應對客訴帶來的效果，最明顯的就是透過客訴的解決，店家和顧客之間會建立起堅定的信任關係。

客訴發生時，最常見的錯誤應對方式之一，就是不停地向正在氣頭上的顧客道歉（笑）。

這是發生在某家印刷公司的案例。這家印刷公司接到化妝品公司的委託，負責印製商品宣傳單，結果印出來的傳單明顯色調不對，女模特兒的臉色跟僵屍一樣蒼白，但印刷公司還是直接出貨，引發化妝品公司的嚴重客訴。第一時間前往處理客訴的業務負責人，不知道是不是想不到其他解決辦法了，竟然當場直接下跪道歉。

這樣的作法，已經完全偏離應對客訴的真正意義。

客戶也許真的「很生氣」，但是這位負責人沒有察覺到的是，對方除了生氣以外，也因為這樣的傳單無法使用而感到「**困擾**」。所以，這時候應該做的不是道歉，而是依照客戶要求的顏色重新印製，想辦法趕上原本預定的傳單發送日。

只要能瞭解這一點，就會知道自己該怎麼為客戶解決問題。

就算發生客訴，如果你能夠好好地補救，還是可以挽回失去的信任。雖然客戶一開始有所抱怨，但只要你確實做好應對措施，還是能得到客戶的感謝，甚至比他提出客訴之前更信任你。

客訴心理學

顧客會提出客訴，代表他遇到問題卻無法解決。

具體行動

解決問題不是靠一味地道歉，而是應該思考如何補救。

015

應對得讓人滿意，你就多一個新的忠實顧客

我接受過許多企業和店家的委託，協助審訂他們原有的客訴應對指南。根據我看到的例子，這些內容大多偏向危機管理，只能算是「擊退客訴者的應對指南」（淚）。

那種會提出不合理要求、無法溝通的惡劣顧客的確存在，這一點不可否認。可是，我認為不應該把這些小部分的惡劣顧客，拿來跟一般正常的顧客混為一談。

如果可以針對面對客訴者的方法，事先準備好一套應對守則，工作會變得輕鬆許多。

原本工作的意義，就是為他人提供協助，也就是為顧客解決問題，使顧客開心。**因此，我認為應對客訴的最終目的，應該是要讓顧客覺得「幸好我有把問題說出來」、「很高興有人瞭解我的問題」，或是「真的幫了大忙」。**

假設顧客才剛買印表機沒多久，它就無法運作了，氣得打電話投訴。這種時候，如果你只是告訴顧客：「在電話裡沒辦法知道機器是哪裡出問題，我們會派人將印表機回收，送到修理中心檢查。」或是說：「原來如此，讓您的工作受到耽誤，實在非常抱歉。是不是能麻煩您詳細描述一下故障的狀況，方便我們替您找出機器是哪裡出了問題？」這兩種應對方式同樣是在解決問題，但聽在顧客的耳裡，感受大不相同。

非但如此，如果能透過電話找出無法運作的原因，並且順利排除，自己肯定也會跟顧客一樣開心。

有時候，你甚至能大大地博得顧客的歡心，讓他對你說：「可以印了！謝謝你！真是幫了大忙了！」即便一開始其實是自家商品造成顧客的不便。

就算是再重大的客訴，重點還是在於把自己當成和顧客一起面對問題的夥伴，雙方一同朝著解決問題的最終目標，努力想辦法。這同時也是把顧客變成粉絲，甚至成為長期支持的忠實顧客的重要關鍵。

客訴心理學

當顧客心裡的印象由負轉正，自然會對你產生強烈的信賴感。

具體行動

若想把投訴的顧客變成粉絲，你得先把自己當成對方的夥伴，做出讓對方感覺「你很認真處理」的應對才行。

第3章

絕對會成功的客訴應對技巧

016

站在客訴者的角度，就會知道該怎麼做

如果你想快速學會應對客訴，或是想讓顧客轉怒為笑，我有個方法可以分享給大家。

那就是換個立場思考：「**如果我是投訴的人，對方要怎麼做，我才會滿意？**」

我在客訴應對的研習講座上，一開始都會先要求臺下的學員做一件事：「如果你對自己的公司或店家提出客訴，你希望對方怎麼做，才會讓你願意繼續支持他們？請列舉出你的想法。」有趣的是，不管是來自哪個行業的人，大家竟然都寫出同樣的答案。

- 希望對方第一時間先誠心道歉。
- 希望對方能虛心聆聽我的問題，不要找藉口或是急著否認。
- 希望對方能理解我當下遇到的困難。
- 希望對方能盡早做出回應。
- 希望問題能獲得解決，提供好的辦法。
- 希望對方能明確告訴我，他們能做到什麼地步、不能做什麼。
- 不想得到官方式的回應。
- 不想被當成惡劣顧客看待。

事實上，不只是一般的企業和店家，我在其他針對醫院、學校教職員、市政府、區公所職員等開設的客訴應對講座，得到的答案也都一樣。

這當中就隱藏著客訴應對的「答案」。

大家不需要把客訴應對想得太困難，只要把自己的立場，從應對者轉換成客訴者去思考，自然會知道該怎麼做。換言之，其實每個人都知道該怎麼應對客訴，接下來就只要確實做到就行了。

放棄應對者的思維，改成站在顧客的角度去思考，自然會得到許多答案。這就是「顧客觀點」，也就是跟顧客站在同一邊，以相同的角度去思考，隨時提醒自己，不要做出自己不喜歡被對待的事情。

客訴心理學

把自己當成客訴者，就會明白顧客的想法。

具體行動

隨時思考什麼才是顧客會滿意的應對方式。

017 排除客訴是透過「應對」，而不是「處理」

我從來沒有見過，有人用「處理」的心態面對客訴者，最後還能成功讓對方轉怒為笑的例子。

這是因為，會用「處理客訴」這種說法的人，**心裡其實很討厭客訴，一心只想趕快解決**。用這種心態去面對客訴，情況通常只會變得更加不可收拾，因為你只想盡快解決的心思會完全被看穿，惹得顧客更加氣憤。

如果你想要縮短顧客抱怨的時間，首先必須改變說詞，用「應對」或是「接受」來面對客訴，而不是「處理」客訴。

「說詞」會改變一個人看待事物的態度，而當你的心態不一樣，行為也會跟著完全改變。當你用虛心接受的態度去面對抱怨的顧客，顧客也會放下怒氣，不再重申自己的不滿，如此一來，你的應對時間自然會縮短。

以下是我擔任諮詢顧問的某企業客服部門發生的案例。這家公司的客服部員工共有十人，每個人都很討厭接到客訴，每天一上班就是祈禱六點的下班時間趕快到來，整體的工作氣氛十分消極（笑）。

為了改變這些員工的想法，我不斷地告訴他們：「客服部的存在，不是負責處理客訴，而是讓顧客展露笑容的部門。」聽我這麼說，員工們紛紛開始主動學習，包括「透過應對客訴使顧客轉怒為笑的技巧」、「提升應對的詞彙能力」等。經過幾個月之後，客服部的每個員工都已經能以貼近顧客心理的方式來應對客訴，整個部門的氣氛變得十分積極，大家都對自己的工作感到十分自豪。

應對客訴沒有什麼神奇的咒語，而是語言本身就具備神奇的力量。所以記住，利用你所使用的說詞，為顧客帶來更多笑容吧。

客訴心理學

你使用的說詞，會影響你對事物的看法和態度，即便是客訴也不例外。

具體行動

拋開逃避的心情，正面迎接客訴，如此一來，你應對的時間也會縮短。

018 不講理的惡劣顧客出現的原因

如果第一時間應對失敗，就會模糊了客訴的焦點

每次有人問我：「應對客訴時，最該注意的重點是什麼？」我的答案一定都是：

「第一時間的應對千萬不能失敗！」

第一時間的應對一旦做錯，比起該解決的問題，顧客會對應對者失去信賴，於是開始提出不合理的要求，或是挑毛病，完全針對應對者而來。由於這時應對者已經失去信用，除非換人應對，否則事情只會變得更加不可收拾。

以下是某家百圓商店發生的案例。有位年長顧客向收銀臺的店員抱怨：「你們

的東西都沒有標價，叫人家怎麼買！」（笑）店員嘲笑似地說：「我們就是百圓商店啊！」害得對方覺得丟臉。老人家聽了之後惱羞成怒，氣得大罵：「你說什麼！你那是什麼態度！叫你的主管出來！」說完後就站在收銀臺前不肯走，害得後面的客人完全沒辦法結帳，整個大排長龍，情況變得一發不可收拾。

店家方面的說詞是：「我們是百圓商店，就算商品沒有標價，顧客也都知道價格。」但顧客困擾的是：「我看到喜歡的商品想要買，可是沒有標價，我怎麼知道價格是多少？」

不僅是應對客訴，在面對所有工作時，很重要的一點是，必須抱著一顆寬容的心，**凡事都要能客觀思考**。很多事情對店家來說，可能是常識和理所當然，可是對顧客來說並非如此。

店家要養成習慣，隨時思考並檢視是否對顧客做到明確的傳達，包括那些自認為是常識和理所當然的事情。你必須把顧客當成自己人或是重要的朋友，用愛對待對方。

在學習客訴應對技巧的同時，如果你也能養成客觀審視自我工作的習慣，那麼在遇到客訴時，第一時間的應對就不會再失敗，甚至還能做到事先預防。

客訴心理學

要挽救顧客對應對者的第一印象很困難，因此第一時間的應對千萬不能出錯。

具體行動

為了避免第一時間的應對出錯，記得隨時檢視自己對於「常識和理所當然」是否做到確實傳達。

019 當顧客說「你馬上來道歉！」的應對方法

不該立刻去道歉，而是先聽聽顧客想說什麼

很常見的一種客訴情況是，憤怒的顧客打電話來投訴，也不管時間和地點，當下就要求應對者：「你現在就馬上來跟我道歉！」

尤其是如果顧客已經氣到爆粗口，應對者大多會慌了手腳。

可是，從結論來看，應對者大可以根據自己的判斷，決定是否要立刻去向顧客道歉，不必因為顧客這麼說，自己就乖乖地照著做。

在應對客訴時，千萬不能忘記的一點是，**應對者必須掌握整個應對的主導權。**

客訴者很容易因為情緒激動而要求應對者「立刻來道歉」，這時，應對者要做的，應該是冷靜判斷情況是否值得自己馬上去道歉，這才是第一優先的事情。

至於判斷的標準，是「**緊急性**」和「**必要性**」，也就是「這個情況是否應該立即做出應對？」以及「是否一定要到現場才能應對？」

某家飯店曾經發生過這麼一則客訴，住宿的客人打內線電話向櫃檯抱怨：「房間糟透了！為什麼會這樣！現在就過來道歉！」像這種時候，櫃檯人員其實不需要立刻到顧客的房間向對方道歉。

只要先透過對方的描述，確認房間的狀況即可，例如：「非常抱歉讓您失望了，請問房間發生什麼問題了嗎？」

可能是洗手臺漏水，或是隔壁房間的聲音太吵等。等你把問題確認清楚之後，有些情況必須依照顧客的抱怨或要求，立即前往查看，有些時候則可以先確認是否還有其他空房，然後再去見顧客也不遲。

先想好對策，再趕到現場，這才是快速解決問題的方法。這麼做也可以讓正在氣頭上的顧客有時間稍微冷靜一下。

客訴心理學

大部分的人在抱怨之後，就會稍微冷靜下來。

具體行動

身為應對者，必須掌握主導權，從緊急性和必要性，來判斷是否該立即前往應對。

020 惹怒顧客的NG應對1

試圖安撫，反而會讓對方更生氣

人們由於應對客訴的經驗不足或是害怕，一不小心就會犯下的錯誤應對，包括了「**試圖逃避**」和「**否定顧客**」。

這是發生在某家咖啡店的案例。負責帶位的店員把某位顧客的餐點給忘了，等到顧客不耐煩地提醒：「我的咖啡還沒好嗎？」店員才發現自己漏掉點單，慌忙中只丟下一句：「馬上來！」就趕緊退到廚房。幾分鐘後，店員送上咖啡，卻連一句「抱歉讓您久等了」也沒說，把咖啡放下就轉身離開。這讓顧客大為光火，結帳時對著店員激動地不停抱怨。

面對盛怒的顧客，店員嚇得不知如何應對，開口的第一句話竟然是：「這位客人，請您先冷靜下來！」

後來，這位顧客把咖啡店的店名、地址連同該名店員的名字，一併公布在社群媒體上，狠狠地留下一大篇負面評論。這篇評論隨即被咖啡店總公司的公關看到，事件愈演愈烈。

也許你會想，如果換作自己是那位顧客，應該不至於會氣到把事情公開在網路上。不過，我相信也有人能夠理解那樣的心情。

那麼，店員這一連串的應對，究竟是哪裡做錯了呢？

在這個事件中，顧客如此生氣的最大原因，是店員在應該道歉的時候卻一再逃避，包括：一、發現漏掉點單的時候；二、送上咖啡的時候；三、顧客結帳時提出抱怨的時候。這三次能挽救情況的機會，店員卻一再錯失。

非但如此，最後逼得顧客氣到上網留負面評論的ＮＧ應對，就是最後試圖安撫的那一句「請您先冷靜下來」。

安撫的舉動，等於是在否定顧客。換句話說，這就是在拒絕對方。很明顯的，需要稍微冷靜的人，其實是店員本身。一旦知道自己有錯在先，只要承認自己的疏失並向對方道歉，事情就不會演變成客訴了。

客訴心理學

顧客一旦覺得自己被否定，當然會怒火中燒。

具體行動

為自己的疏失好好道歉，展現出理解顧客情緒的態度。

021 惹怒顧客的NG應對2

即使展現認同，也無法停止對方的怒氣

二〇〇〇年以後，日本企業和行政機關的客訴案件就開始日益增加，使得各大組織開始意識到應對客訴的重要性。遺憾的是，過去的時代所制定出來的客訴應對指南，直到今日都還是許多組織堅信不移並運用在第一線的應對守則。

我認為，客訴也有所謂的趨勢變化，應對方式必須跟著時代調整，才有辦法讓顧客轉怒為笑。

前一陣子，我受託幫某家公司審訂客訴應對研習講座的講義。當時我相當震驚，因為講義內容中介紹的應對方法，竟然落伍到令人不禁懷疑這是二〇〇〇年代初期的產物。

傳統的應對方法一定都會教你：「避免不必要的道歉」。這個方法有很大一部分是受到美國社會文化的影響，不過，直到現在，還是有很多人堅信「道歉就代表認錯，可能會因此遭到對方索討高額賠償金」，甚至在某些行業，這還被奉為基本常識來遵守。

可是說白一點，現在時代已經不一樣了，即便是在美國社會，現在的作法也已經改變。只要是自己有錯，就要道歉，然後才是雙方冷靜討論出一個彼此都滿意的作法。

同樣是傳統應對方法中最常出現的一種說法（笑），就是在傾聽顧客的抱怨時，必須不時做出「您說的沒錯」、「您說的有道理」的回應。這種作法尤其常見於公家機關，或是企業的客服部門。

這種「您說的沒錯」、「您說的有道理」等表現認同的應對，其實是非常危險的說法。因為認同就代表你想得到對方的原諒，希望趕快結束應對。這種沒有誠意的應對，有時反而會讓顧客更生氣。正因為如此，表現認同等於無條件投降，可能會讓自己在最後不得不全盤接受顧客提出的要求。

客訴心理學

對顧客而言，很多時候你展現認同會讓人覺得你不誠實，反而是你的道歉才能讓對方感受到你的誠意。

具體行動

別再用「您說的沒錯」、「您說的有道理」這種認同的說法，來試圖取得顧客的原諒。

022 惹怒顧客的NG應對3

慌張、不知所措的反應，會讓對方更生氣

大部分的應對者一看到顧客暴怒，都會急著提出解決辦法，一心只想趕快平息對方的怒氣。

很丟臉的是，我自己也曾這樣，以前在客服部門工作的時候，曾經有一次打斷顧客的抱怨，告訴對方：「我們會退費給您。」試圖想用錢解決問題，結果換來顧客的一陣痛罵。

當然，根據情況不同，有些時候確實必須先盡快提出辦法，協助顧客解決問題。

只不過，那些會提出客訴的顧客，雖然也希望問題能獲得解決，但更在乎的是「**希**

望對方能理解」。

除非讓他們說完想說的話，傾聽他們抱怨的內容，否則不論你提出任何解決辦法，他們都不會接受。

急著提出辦法的另一種情況，就是在聽完顧客的抱怨之前，就擅自判斷「又是同樣的客訴內容……」，因此做出錯誤的應對。

以下是發生在醫院的案例。有個住院的老先生抱怨「六點吃晚餐太早了」。由於過去的經驗顯示，住院者會有這一類抱怨的理由，大多是因為太早吃飯的話，「半夜肚子餓會睡不著」，因此護理師一如往常地跟老先生解釋「六點吃晚餐，可以讓身體有充分的時間消化，比較不容易發胖」等提前吃晚餐的好處，沒想到老先生聽了更生氣，大罵護理師：「你根本什麼都不懂！」

其實，老先生之所以覺得六點吃晚餐太早，是因為每天傍晚六點到七點的這一個小時，正好是三歲孫子來探病的時間，這也是他每天唯一的期待，只想好好地跟孫子一起玩，所以才做出那樣的抱怨。

不論是想早點結束應對，還是見多了相同的客訴而做出制式的應對，這些都很有可能會讓你在瞬間失去顧客的信賴，一定要多加留意才行。

客訴心理學

很多時候只要做到傾聽，就能滿足顧客渴望得到理解的心情。

具體行動

抱著「有一百個客訴，就有一百種理由」的心態來做出應對。

023 對顧客展現理解的態度，不必卑躬屈膝就能解決問題

在應對客訴的場合中，有些顧客可以很有邏輯地冷靜陳述自己的問題，但也有情緒激動、不停大聲抱怨的顧客。不管你面對的是哪一種顧客，不能改變的一點是，應對的最終目標，都是要讓顧客轉怒為笑。

也就是說，要讓顧客覺得「這是一間能夠接受顧客抱怨的好店家」、「我要繼續支持這家公司，成為他們的忠實顧客」，跟顧客打好關係。

就像有句話說：「因客訴而得福。」應對客訴就是成功與顧客建立信賴關係的最佳機會。

若想建立良好的關係，你必須先成為能理解顧客的人。

有一點大家也許會感到意外，但事實上，**在應對客訴時，應對者和顧客最好是呈現對等的關係**。這是因為，理解者的立場沒有上下之分。將自己視為面對同樣問題的夥伴，透過對話為彼此找到滿意的結果，這才是應對客訴的重點。

如果你覺得很難理解投訴抱怨的人，或是容易變得情緒用事，也許是因為你把客訴當成是對自己的抱怨。

偶爾我也會這麼想，覺得對方的抱怨是衝著我來，感覺自己被否定。一旦有被否定的感覺，彼此的關係自然會形成對立。

你必須調整心態，明白顧客的抱怨不是衝著你來，而是對你們的做事方式提出意見和改善的想法。簡單來說，就是要**把自己和工作先暫時切割開來看待**。

在切割之後，你才有辦法保持冷靜，以俯瞰的角度輕易看出顧客抱怨的意圖和原因。

如此一來，你自然能成為理解顧客的人，向抱怨的顧客展現出願意理解、傾聽的態度。記得，練習和顧客以對等的關係一同面對問題吧。

客訴心理學

把自己跟工作切割開來思考，就不會覺得顧客的抱怨是在否定你。

具體行動

讓自己保持冷靜，用對等的關係面對顧客，成為理解顧客的人。

024 第一時間先展現誠心道歉的態度，顧客自然會冷靜下來

那些不懂得應對客訴的組織，通常都是仰賴過去的經驗來視情況臨機應變。

但在應對客訴時，不能視情況臨機應變。當你面對抱怨的顧客，在第一時間該說什麼，有一套明確的法則存在。

當客訴發生時，第一時間就要做出的應對是「道歉」。

不少人對於在應對客訴的第一時間就道歉，都心存抗拒。

因為大部分的人都認為，在尚未釐清己方是否有錯之前，先道歉就等於全面認

錯，這是一步險棋。

當然，在還沒聽完顧客的話之前，不必急著全面認錯。不過，客訴通常都是來得很突然。

就算你認為自己的工作都做得很好，突然間顧客一通電話打來，或是直接衝到店裡，劈頭就是一陣怒罵和抱怨。

這個時候，你還不知道到底是誰做出的事造成的，也有可能在聽完之後發現己方並沒有錯。

但是，在客訴出現的當下，有一點非常明確的是，**顧客是因為某個原因在生氣，才會憤而投訴**。

假如顧客氣得大罵：「這跟你們當初說的不一樣！」這種時候，建議你最好先對顧客失望的心情展現理解的態度，並且道歉，例如「很抱歉讓您失望了」。

如果你在第一時間沒有道歉，恐怕顧客的怒氣無法平息，只會繼續對你投以更苛刻的責罵。而這正是第一時間的應對失敗最典型的情況。

愈快道歉愈好。顧客一聽到道歉，怒氣也會在瞬間平息，恢復冷靜。

客訴心理學

客訴發生的當下，唯一可以確定的事情是：顧客很生氣。

具體行動

先道歉，緩和顧客的怒氣。

透過有限度的道歉，將對立轉化為對話

「非常抱歉我們的回應方式讓您感到不舒服。」

「您一直是我們的忠實顧客，我們卻辜負了您的期待，實在非常抱歉。」

「對於我們說明得不夠詳細這一點，實在非常抱歉。」

這些說法叫作「**有限度的道歉**」，適合用在第一時間的應對道歉上，請大家務必多加利用。

所謂有限度的道歉，指的是只針對某一部分道歉，而不是全面道歉。

大家可以把這種方法運用在應對客訴上，針對「讓顧客感到不舒服」、「讓顧客失望」、「說明得不夠詳細」等，令對方失望的部分表現來道歉。

有限度的道歉不只有前述的三種說法，大家可以針對最常發生的客訴狀況，事先準備好道歉的說法，如此才能避免錯失道歉的最佳時機，導致第一時間的應對失敗了。

通常在客訴發生的時候，顧客都是抱著對立的態度打電話來抱怨，或是用對質的心情直接衝到店裡來找人理論。一直聽顧客氣憤的負面語言，會讓人感受到龐大壓力，但就算你害怕被罵，也不能逃離現場。

如果想要盡快擺脫這種情況，你可以透過有限度的道歉來緩和顧客的怒氣，讓對方的態度從對立轉變成「對話」。

一旦能讓對方的態度轉變成對話，你應對起來就不會覺得很累，也能省下不必要的應對時間。

客訴心理學

若你在第一時間沒有道歉，會讓顧客更加火大。

具體行動

善用有限度的道歉，讓對方願意冷靜對話。

026 避免第一時間應對失敗的方法2

當成自己的事來傾聽對方，達到平息怒氣的效果

面對客訴時，你必須先聽顧客怎麼說，才有辦法知道對方到底為什麼生氣，已方又是錯在哪裡。

「你們是怎麼教育員工的，收銀員的態度那麼差！」假如接到這種客訴，**第一時間除了道歉之外，還必須展現出傾聽的態度。**

「非常抱歉造成您的不便，請問收銀員做了什麼事讓您如此生氣呢？」

「很抱歉讓您感到不舒服，能請教您詳細的事發狀況嗎？」

有時候，客訴是他人的疏失造成的，或是發生在自己不在場的地方，甚至是顧客被當成皮球互踢，最後變成向你抱怨那件不是你所屬部門負責的事。

在這種時候，你能不能把顧客的問題當成自己的事看待，展現傾聽的態度，就變得很重要了。這不是要你假裝，但就某方面來說，你表現出來的態度也很重要。

一旦你表露出「錯不在我」的態度和表情，哪怕只有一點點，都會讓顧客更生氣，把抱怨的矛頭轉向不想聽他說話的你身上。在現場，像這樣最後演變成雙重客訴，導致應對情況愈來愈棘手的例子，時有所聞。

「（明明是工讀生的錯）跟我說這個也沒用……」

「這不是我負責的工作範圍……」

「我們有專屬的客服部，再麻煩您跟他們聯繫。」

我有個客戶的超市員工，真的像這樣直接回應客人，結果在網路上被眾人罵翻了。一旦你不想面對客訴，或是覺得那不是自己的錯，也許下意識反應就會說出這種話。可是所謂的工作，應該是「讓身邊的人開心」，也就是使顧客滿意。

因此，請大家千萬不要做出愧對工作的行為。

客訴心理學

「展現」接受客訴的態度，是非常有用的作法。

具體行動

在道歉的同時，也要表現出傾聽的態度。

027

報上自己的部門和名字，讓顧客放心

誰應該出面應對客訴？答案是，接到客訴的那個人。

現在，不是只有主管或客服部的人要出面應對，接到客訴的人也必須代表組織做出應對。

顧客通常會下意識地挑人投訴。

為了不想讓自己更生氣，他們通常會挑選看起來應該能理解自己的怒氣的人，不會選擇那個一看就知道不會回應客訴的人。

每次我接受經常遇到當面客訴的行業，或是百貨、餐廳等客戶的委託，提供諮詢的時候，第一線應對客訴的人幾乎都會問一個問題：「為什麼大家都只找我投訴？」

根據我的經驗，經常接到客訴的人，不是他運氣不好，而是**因為他是第一線人員中工作能力最好的人**。最懂得站在顧客角度的人，最常接到客訴，因為顧客相信他。這跟職位和年齡沒有關係，而是因為顧客認為這個人應該能理解，所以才抱著期待向他說出心中的不滿。

以電話投訴來說，有時候顧客一開口就會要求「請把能夠理解問題的人找來跟我說話」。因為講電話時沒辦法看到對方，為了不讓自己更生氣，才會希望跟「願意好好傾聽問題的人」說話。

我想說的是，**各位可以把顧客找你投訴當成一種肯定**，你只要代表組織好好地做出應對就行了。這時候，你要大方地明確報出自己的部門和名字，例如「我是業務部的〇〇〇，請把您的問題詳細地告訴我」，因為這麼做就能拉進你和顧客之間的距離。這時候，由於**情況已經變成人與人之間的對話，不再是顧客對店家**，所以顧客自然不會激動地不停抱怨。

客訴心理學

顧客之所以會挑人抱怨，是因為不想再讓自己更加失望。

具體行動

大方報上自己的名字，讓雙方的立場變成「人與人之間的對話」，而不是「顧客對店家」。

028

只要專心傾聽，自己就不需要說太多話

當你在傾聽顧客的抱怨時，要注意的是，想辦法引導對方把話全部說完，也就是讓顧客發洩所有的憤怒情緒。

那些認為自己不擅長應對的人，特徵就是「沒有回應」、「不知道該跟顧客說什麼才好」。

面對顧客的抱怨時，應對者其實不需要想辦法說點什麼，**只要專心傾聽就好**。注意一下說話的比例，差不多是顧客說九成、應對者說一成。

大家可以把顧客和自己當成是訪問中的受訪者和訪問者的關係，就像是電視談話節目或是聽專家評論說話一樣就行了。

一般人面對應對者這種專心傾聽的態度時，憤怒通常不會維持太久。以時間來說，他要生氣五分鐘以上都很困難。等到他的氣話全部說完後，情緒就會漸漸冷靜下來了。

假如有人可以連續生氣一個小時以上，一定是應對者第一時間的應對失敗，例如擺出官方態度，或是反駁、否定顧客之類的行為。其他原因還有：認為己方沒有錯、還沒聽完顧客的話就打斷對方。

「不過」、「可是」、「那個是因為……」

「我想應該不會這樣。」

「目前我們還沒有接過其他顧客反應這方面的問題……」

這些說法都會讓顧客感覺你這個應對者拒絕接受他的意見，就會更加生氣，不停地重複說一樣的話。

我在客訴應對的研習講座上，經常會被問到一個問題：「客人抱怨的時候，總是不停地跳針說一樣的話，聽了實在很煩，到底為什麼會這樣？」對此，我的回答是：「那是因為你不肯聽他把話說完。」除此之外，我想不到還有其他原因了（笑）。

請大家一定要相信：「只要你肯好好聽對方說話，對方抱怨的怒氣會在五分鐘內消失。」所以，記得先專心傾聽，你會發現很多時候對方的問題其實根本沒什麼，很快就解決了。

客訴心理學

在應對客訴的時候，先別想著該怎麼回應才對，等顧客好好把話說完之後，他的怒氣自然會平息下來。

具體行動

想要平息顧客的怒氣，就讓他把怒氣全部發洩出來吧。

029

將對方說的話全部寫下來，避免雙方為事實爭執不休

很多人在應對客訴時，都沒有做筆記的習慣。

但是，人類的記憶很不可靠，很多時候都是因為第一時間沒有做筆記，後續在跟上司或是主管報告時有所遺漏，導致最後的應對失敗。還有一種情況是，應對者憑著自己模糊的記憶，把顧客說的話擅作解釋後，傳達給組織內部共享，結果造成顧客更生氣，認為「自己根本不是那個意思」。

在應對客訴的第一線，最讓上司和主管感到頭痛的情況就是，應對者報告的內容和顧客投訴的內容有所出入。經常發生的一種狀況是，主管相信了不做筆記的應對者的說法，導致最後在妥協點上做了錯誤的判斷。

在應對客訴時，請記得一定要將顧客說的話寫下來，而且最好要記錄成檔案。這麼一來，你就能對顧客說過什麼話留下「事實」，而不是自己擅作解釋。

做筆記時，重點是要將顧客說過的投訴內容一五一十地全部寫下來。就算會多花一點時間也沒關係，也不用擔心會打斷對方說話，你可以告訴顧客：「抱歉打斷您說話，因為我要將您說的內容詳實地記錄下來。」換言之，**在做筆記的同時，你也要一面掌握整個應對的主導權。**

應對的主導權千萬不能被顧客搶走，所以你透過做筆記來傾聽時，也能避免顧客單方面一直說個不停。

根據客訴的內容，有些時候你無法當場解決問題，必須等到後續才能做出應對。可是，很常發生的一種狀況是，在經過一段時間之後，顧客的說詞開始有所出入，或者是多了之前沒有的內容。

這種時候，如果你的手邊有筆記，就能提醒對方，「您之前是這麼說的」、「不好意思，請讓我們根據您上次說過的內容來討論」，掌握應對的主導權。

客訴心理學

對方在聽到「請讓我將您說的內容記錄下來」後，說話時也會變得比較客氣。

具體行動

為了避免誤判應對的妥協點，你要記得在應對時做筆記。

030 成為「理解顧客的人」的方法

利用展現同理心的附和說法，讓對方不好意思繼續抱怨下去

在聽顧客抱怨的時候，關於附和回應的方法，希望大家要注意的是，請記得要邊聽邊做出「**展現同理心的附和**」。

應對客訴時的同理心，指的就是「**展現理解的態度**」，意思是不管顧客是否正在氣頭上，自己都要冷靜地對他說的話展現理解的態度，也就是透過言語讓對方知道你瞭解他的心情。

- **展現同理心的附和說法**

「是的。」「嗯。」「是這樣啊！」「就是這樣沒錯。」

「有這種事？」「什麼！竟然會這樣！」
「的確會讓人這麼想。」「是我們處理得不夠好。」
「辜負了您長久以來的支持，今天竟然讓您遇到這種事。」
「我很難過您會這麼想。」「難怪您會嚇到。」
「您一定很著急吧？」「您原本是信賴我們的，對吧？」
「後來怎麼樣了？」「您是指○○嗎？」
「您現在對我們是○○的心情，對吧？」
「我瞭解您的意思了。」「所以您才會打這通電話，對吧？」
「我可以理解您有多生氣。」「我瞭解狀況了。」

怎麼樣？是不是沒想到竟然有這麼多不同的說法呢？如果你平常只會說「是的」，以上這些說法請務必當作參考。

雖然我希望大家把這些當成應對客訴的技巧學起來，不過，其實只要你設身處去瞭解「顧客究竟發生什麼問題」、「我們哪些地方讓他覺得不滿意」，即使沒有刻意學習，也會自然而然說出這種話和回應的。

請不要把客訴當成是顧客的事情，應該看作是自己的事情，用傾聽自己重要的家人或朋友說話的心情，以貼近對方的同理心去做出回應，這才是應對客訴的重點。帶著同理心去傾聽，會幫助你更快理解顧客的心情。

客訴心理學

顧客一旦覺得「這個應對者理解我的心情」，自然會停止抱怨。

具體行動

多多充實在傾聽時「展現同理心的附和」的詞彙。

031 該表現的是「同理心」，不是「贊同」

有些人會聽顧客抱怨聽得太認真，不由自主地變得過於投入。

雖說有同理心才能成為理解顧客的人，可是請大家要小心別讓自己的立場變成了「贊同」對方。

有個客人打電話到和菓子店投訴，說自己在店裡買的羊羹中吃到「異物」。

一般來說，這種情況最好的應對方法，就是先道歉並聽顧客陳述問題，接著將羊羹回收，確認其中的「異物」是什麼，調查它是在哪個製作環節中被放入。等到一切都釐清之後，最後再來思考該怎麼補償給顧客。

可是，這位顧客卻在電話裡抱怨了將近一個小時，一再表明羊羹是自己帶到朋友家的伴手禮，沒想到卻吃到異物，讓自己既不好意思又丟臉。

事實上，這將近一個小時的抱怨另有原因。因為當時接電話的女工讀生，對這位顧客的情況聽得過於投入，不禁同情起對方，最後竟然還一同怪起羊羹的製作流程管理不當。

後來，這位顧客的怒火愈燒愈烈，氣得要求店長出面回應，最後又多花了一個多小時才結束這場應對。

不同於因為官方態度惹火顧客的案例，跟顧客站在同一陣線雖然不是壞事，但請千萬要避免跟顧客一起說店家的不是。

當時女工讀生對顧客做出許多展現同理心、支持顧客想法的附和說法，包括「對，我也這麼覺得」、「這種事當然不應該發生」、「客人會這麼想也很正常」。就是這些說法讓顧客認為「沒錯！是店家不對！」，所以才會更加生氣。

以這個案例來說，只要回應顧客：「對於這一次我們的商品造成您極大的不便，我們已經瞭解狀況了。」對發生的事實展現理解的態度，應該就能避免讓顧客更加生氣了。

客訴心理學

應對者一旦贊同顧客的心情，雙方攻擊的對象就會變得一致，結果只會助長了顧客的怒氣。

具體行動

對顧客的憤怒表示理解是好事，可是一定要避免做出贊同或支持的態度。

配合顧客來調整自己說話的速度和語氣

那些擅長應對客訴的人最常運用的技巧之一，就是配合顧客調整自己說話的速度和語氣。

只要站在投訴者的立場去思考，就會知道為什麼要這麼做。舉例來說，假設你在網路上訂購的商品沒有在預訂到貨時間送達，所以你趕緊聯絡客服中心。

「原本預計中午前要到貨的商品，我到現在都還沒有收到！」你的語氣顯得很著急。假如電話那頭的客服人員不疾不徐地問你：「方便先請教您的姓名和電話嗎？」這時候你會有什麼感覺呢？

我審訂過許多企業的客服應對指南，發現裡頭都有一個共同的作法是：無論是什麼樣的顧客或事件，「第一步都要先詢問顧客的姓名和電話」。

應對指南的內容是為了讓每個客服人員都能做出相同的應對，這一點也許沒有錯，可是反過來說就少了親切感，會讓顧客感覺不近人情、過於死板。**老實說，如果要每個人都做出一樣的應對，根本不需要客服人員，只要有AI客服就夠了。**正因為有這種重視制式應對的客服指南，應對者才會沒辦法跟顧客形成正面的對話，喪失了溝通的機會。

以上述的例子來說，顧客的語氣聽起來很明顯就是著急又困擾，既然如此，應對者的語氣應該也要稍微帶點緊張感：「這樣啊！實在非常抱歉造成您的不便！」配合顧客的語速來道歉，這樣顧客聽起來也會比較放心。

因為這會讓顧客覺得你瞭解他的著急和困擾，他的情緒也會稍微冷靜下來。

相反的，有些投訴的顧客說起話來慢條斯理，語氣中充滿失望。如果是這種情況，記得別用笑容和輕快的語氣來回應對方，應該要配合對方的語氣和速度慢慢說話，讓顧客也能放心地慢慢說出自己的問題和意見。

客訴心理學

當應對者配合顧客的速度和語氣說話，會讓顧客感覺你跟他是同一國的。

具體行動

注意隨時配合顧客的情緒，調整說話的速度和語氣。

站在顧客正前方，會讓應對變得更棘手

遇到顧客情緒性的抱怨，或是扯著喉嚨破口大罵時，都會讓人心生恐懼。即便我是男生，遇上帶有攻擊性的客訴，也會怕得快要發抖。

面對面應對客訴時，要注意的一點是，請盡量避免站在顧客正前方的位置。從投訴者的立場來思考就會明白，**站在自己正前方的人，是最方便抱怨的對象。**相反的，對接受抱怨的人來說，正面迎接抱怨時，免不了會跟對方四目相對，感受到對方憤怒的氣勢，這時想要保持平常心就很困難了。

最常來找我尋求客訴諮商的行業，包括了醫院、市政府、銀行、電信公司和診所。這些行業經常會遇到棘手的客訴問題，造成第一線的應對人員身心俱疲，因此才會來委託我為他們進行客訴應對研習講座，希望能得到有用的建議。

這些棘手的客訴問題，乍看之下沒有什麼共通點，但最近我注意到這些行業本身都有一個共同的現象，就是他們都是「隔著櫃檯面對面接受顧客的抱怨」。

面對面的位置很容易形成敵對關係，也就是說，之所以客訴會變得棘手，應對者的位置是最大的原因。

那麼該怎麼做才對呢？當然是要改變應對者與顧客之間的方向位置。

最好的辦法是站在顧客旁邊，如果並列站顯得不太自然，可以站在顧客旁邊四十五度斜角的位置。

當應對者站在與顧客並列的位置，顧客就很難大聲說話，應對者也不會跟顧客四目相接，可以營造出一個更好說話的空間。

舉例來說，你不要跟顧客隔著櫃檯說話，而是自己從櫃檯後方走出來，帶顧客移動到一旁的沙發坐下來，自己則坐在顧客的身邊，這也是一種方法。

除此之外，你還可以一邊聽顧客說話一邊做筆記，視線自然會落在筆記上，讓自己能夠冷靜地做出應對。只不過，單獨在房間裡對談，有時候會讓對方一開口就停不下來，這一點要特別留意。

客訴心理學

站在顧客正前方應對，是造成敵對關係的原因。

具體行動

想要雙方都能冷靜地好好說話，記得讓自己站在顧客旁邊的位置，避免站在顧客的正前方。

034

只要掌握「發生什麼事」，就不容易產生誤解

如果你應對客訴的經驗不足，在面對顧客單方面的抱怨時，可能會覺得很難確實理解內容並冷靜做出判斷。

有一家室內設計裝潢公司接獲客戶的投訴表示：「前陣子你們裝潢時貼的那些浴室磁磚，害我滑了一跤，嚴重受傷！根本就是施工不當！我要求退還裝潢費！」

當時，負責應對的年輕業務員呈報給主管的內容，卻變成「有惡劣顧客打電話來要求退還裝潢費」（笑）。

這也許是比較極端的例子，不過類似的情況，不管是在哪個企業組織，都很有可能發生。

這種情況最大的原因，當然是沒有把顧客說的話詳實地記錄下來。這位年輕業務員呈報給主管的內容，並不是當初客戶所說的「事實」，而是「**自己的曲解**」。

當顧客覺得自己是受害者時，說話總是會誇大其辭。這種時候，你千萬不能被顧客的說詞影響，一定要想辦法把握事實，釐清「**發生什麼事**」。

你應該從顧客說的話當中掌握的重點包括：一、「發生什麼事」；二、「顧客為什麼生氣」；三、「對方想要怎麼做」。

以這個案例來說就是：一、「之前裝潢時新貼的磁磚害客戶滑倒受傷了」；二、「客戶擔心當初是否有施工不當的地方」；三、「希望退還裝潢費（顯示客戶氣到想要求退費）」。如果業務員能掌握這幾個重點呈報給主管，就沒事了。

只要根據客戶所說的「**事實**」來做出應對就行了。具體的解決辦法可以先關心客戶的傷勢，同時派人到客戶的家中檢查磁磚，以釐清滑倒的原因，調查當初是否有施工不當的地方。假設沒有施工不當的問題，只要針對造成客戶的擔憂來道歉就行了。

客訴心理學

在應對經驗不足的情況下，遇上咄咄逼人的投訴，有時會一不小心就「曲解」了對方的意思。

具體行動

掌握「發生什麼事」、「顧客為什麼生氣」、「對方想怎麼做」，針對顧客所說的事實做出應對。

035

透過不斷提問，找出顧客生氣的原因

在聽顧客的抱怨時，很多時候根本聽不出顧客到底想說什麼，或者是聽不懂對方的意思。

像這種時候，你不用害怕，可以盡量針對顧客說的話問問題，藉此來幫助自己瞭解顧客的需求。

・快速瞭解對方意思的提問句

「您的意思是，覺得我們提供的說明不夠詳細，是嗎？」

「也就是說，我們的商品跟您期待的不一樣，是嗎？」

「您的意思是，您已經等了超過一個小時了嗎？」

「您是說我們的回應讓您覺得受到質疑，是嗎？」

利用這類句子來提問，可以釐清究竟是哪一點讓顧客感到不滿意或不信任。

某個男裝服飾品牌的客服部接到一則憤怒的客訴：「今後我再也不會買你們的衣服了！」對方抱怨分店員工遇到問題只會給官方答覆。後來，經過客服部不斷地詢問：「您的意思是商品不符合您的期待嗎？」「您是指店員的應對方式沒有站在您的立場著想嗎？」最後才終於得到真相。

這位顧客在店裡買了一件很喜歡的外套，回到家後試穿，發現衣服上有縫線裂開，而且還有很多毛球，他認為應該是瑕疵品，於是打電話到店裡想換貨，沒想到店員給的回應竟然是：「我們必須先確認衣服是否為瑕疵品，所以要麻煩您以貨到付款的方式將衣服宅配回來給我們。」其實這位顧客是因為隔天有一場重要的生意要談，才會特地買新外套準備隔天要穿，現在卻沒有外套可穿，這才是他抱怨的真正原因。

大家不妨換個方式思考，把客訴看作是顧客遇到問題卻無法解決，而不是單純發洩憤怒而已。以上述的例子來說，店員只要能進一步多問幾句，我想應該也會馬上提供換貨，讓對方隔天能夠順利談生意才對。

客訴心理學

有時候顧客也不太清楚自己生氣的真正原因。

具體行動

透過不斷問問題，來釐清顧客想要什麼，以及自己又該如何應對。

036 提出解決辦法時應該注意的重點

「顧客的期待」，就是解決客訴的關鍵

很多時候，只要你好好傾聽客訴內容，就會發現：「原來是這樣，難怪顧客會抱怨！」

這是實際發生在二〇一一年相當知名的一則客訴案件。有個顧客跟某家專門收購書籍雜誌的二手書店抱怨：「你們書本的收購價只有三千日圓，太低了！不能高一點嗎？」

店員對此的回應是：「收購價一律由店家來決定。」只把對方當成一般常見的抱怨看待，拿了三千日圓給對方。沒想到這位顧客氣到爆粗口：「真是他媽的小氣！」隨後將三千日圓投入櫃檯旁的三一一大地震募款箱後就離開了。

大家一定要有個觀念是，客訴會發生，是因為顧客一開始有所期待，但最後的結果卻不如預期，才會心生抱怨。

因此，如果能理解顧客的「期待」，自然就能提供為顧客著想的解決辦法。

各位知道在東京江戸川區的住宅區裡有家叫作「読書のすすめ」的書店嗎？據說由於書店本身規模很小，沒辦法採購太多商業管理類的暢銷書提供給讀者，所以以前經常被顧客投訴。

不過，書店老闆清水克衛先生從這些客訴中發現一件事。

那就是，來書店買書的客人都是抱著「期待」，希望透過閱讀為自己的煩惱和問題找到解答。這個發現後來促使清水先生展開了一項前所未有的服務：他決定先傾聽顧客的煩惱和問題，然後一一針對每個顧客，細心地提供能為他解決問題的書籍。這個創舉在大家的口耳相傳之下，很快就傳開來了，日本各地有許多客人都跑來找清水先生，只為了買到一本能為自己解決煩惱的書。如今，這家書店的讀者遍布各地，成了全日本最知名的書店。

客訴心理學

顧客都希望透過服務達到「自己的期待」，但有時候會因為無法實現期待而心生抱怨。

具體行動

為了提供好的解決辦法，先試著找出顧客的「期待」吧。

037

在做出回應之前，最好先表示道歉和同理心

在大概聽完顧客的抱怨內容之後，你接下來要做的不是馬上提供解決辦法給對方，或是開始為自己辯解，還有一件事一定要先讓顧客知道。

那就是你已經清楚明白他的抱怨。最好的方法就是用說的讓顧客知道。

這時候，你應該跟顧客說的是「**道歉和展現同理心的話**」。

在聽完顧客的抱怨之後，如果你發現是己方的疏失，就要確實地表達歉意；如果是在應對時讓顧客感覺不舒服，造成顧客的失望，就要透過同理心的說法，讓顧客知道你理解他的心情。

・針對「收到有瑕疵的商品」的客訴

「針對這次您買到的商品有瑕疵，造成您在工作上的諸多不便，在這裡我們要誠心向您道歉。」（道歉）

・針對「員工的教育訓練做得不好」的客訴

「承蒙您一直以來的支持，我們的員工卻在應對上讓您感到不舒服，關於這一點，我已經從您剛剛說的意見中瞭解詳細狀況了。」（同理心）

站在客訴者的立場，以上的說法是不是會讓你覺得「對方聽懂我的意思」、「我的意見被接納了」而感到放心呢？

相反的，就算是顧客一廂情願的想法或是因為誤解而造成的抱怨，你也千萬不能馬上回應指出顧客的誤會。

在這種情況下，記得你也要先表現出接受對方的說法，例如「從您的描述當中，我們明白自己在應對上讓您失望了」，藉此讓雙方的關係能在接下來朝著正面的方向發展。

客訴心理學

一旦顧客覺得你認真聽他說話，他也會比較容易接受你接下來說的話。

具體行動

在提出解決辦法之前，先做出道歉和展現同理心的說法，增加顧客對你的信任。

038

讓顧客接受解決辦法的技巧

先引導顧客說出同意，接下來才會進行得更順利

接下來，我想跟大家分享的是提出解決辦法的最佳時間點。

當顧客的話愈說愈長，有些應對者會中途打斷，並表示：「不是喔！關於這個部分其實是……」開始為自己辯解。當然，有時這麼做會惹得顧客更加惱火，氣得大罵：「你先聽我說完！」

關於提出解決辦法的時間點，你可以等到覺得顧客的話應該已經說完了之後再說。當然，你不能只憑自己單方面的判斷，**一定要先詢問對方，自己是不是可以提出解決辦法了，取得顧客的同意才行。**

例如，你可以這麼說：「請問我可以說話了嗎？」「我們有些事情想讓您知道，請問我現在可以說了嗎？」

如果顧客說：「等一下！我的話還沒說完。」你就要回答：「我知道了，那麼就請您繼續說。」聽對方把話說完。

相反的，如果顧客的話已經說完，想說的話全都說了，這時候他就會回答：「好，你說。」同意你提出解決辦法。

引導顧客說出這句表示「同意」的「好，你說」，非常重要。

人一旦說出同意的句子，就會比較容易接受對方，對於你提出來的解決辦法，也會比較願意專心聽。

此外，顧客會覺得既然你都已經專心聽他說完話，如果自己不聽你說話，會顯得好像自己是壞人，所以這個部分的對話就變得相對重要。

這也關係到接下來你提出來的解決辦法，會比較容易被對方接受。

換言之，很多時候，比起提出什麼樣的解決辦法，更重要的是你提出辦法時的技巧。

客訴心理學

人一旦自己說出肯定的句子，在心理上就會比較容易接受對方，也會比較能夠做出正確的判斷。

具體行動

想讓顧客接受你的解決辦法，記得先詢問對方：「請問我現在可以說話了嗎？」取得對方的同意之後，再提出解決辦法。

039 如果要讓顧客等待，務必告知具體的等待時間

有時候，在尚未確認詳情之前，你沒辦法提供具體解決對策給顧客。

這種時候，有些應對者為了不想再讓顧客生氣，會告訴顧客：「我現在馬上就去問清楚，到時候會再跟聯絡您」，或是「我現在立刻為您緊急處理」。表明自己會即刻採取行動，當然不是一件壞事，但**這種「現在馬上」、「緊急」之類的說法，有時候反而是導致後續惹出麻煩的最大主因**。

因為這種說法很可能隨著不同人的感覺而產生極大的時間差。

舉例來說，假設企業的客服部接到顧客投訴，客服人員的回應是「我問清楚之後再馬上回電給您」。身為讀者的你，覺得客服人員會在多久之後回電呢？

「十分鐘？」「三十分鐘？！」急性子的人說不定認為只要「五分鐘」或「三分鐘」。

客服人員隨口一句「馬上」，可是根據不同的問題狀況，有時候也許需要花上一個小時的時間才能查清楚。

各位覺得一個小時後再回電給顧客，結果會變成怎樣呢？

想必顧客一定是暴怒大罵：「你們到底要我等多久！是在開我玩笑嗎！」

如今已經是個快速且便利的社會，可是，相對的壞處就是有愈來愈多人變得無法等待，也連帶暴增了許多跟等待時間太長有關的客訴案件。

總之，在應對客訴的時候，如果你不跟顧客交代清楚的等待時間，後續一定會衍生出大麻煩。記得要避免使用「現在馬上」、「緊急」之類的說法，最好告知對方具體的等待時間，例如：「我大概會在一個小時後跟您聯絡，請問您方便嗎？」「我會在明天下午三點之前跟您聯絡，到時候方便占用您一點時間嗎？」

客訴心理學

「馬上」、「緊急」、「稍後」、「等會兒」等說法，對聽的人來說會有不同的時間差，要盡量避免使用。

具體行動

為了避免不必要的麻煩，最好明確告知對方等待的時間，例如「一個小時後」。

040

互踢皮球，只會讓顧客更生氣

如果顧客一開始就是帶著憤怒而激動地抱怨，大部分的狀況都是因為被「當成皮球互踢」，才會那麼生氣。

簡單來說就是一再被拒絕，例如「這個問題我們部門並不清楚」、「我不是您要找的窗口……」，導致顧客的怒火愈燒愈旺。

每一次我接受市政府或區公所的委託，進行客訴應對研習講座，一問到：「最常接到的客訴情況是什麼？」答案幾乎都是：「市民一開口就怒氣沖沖，自顧自地抱怨個不停。」

一般人討厭「官僚作風」的最大原因就是，他們會以一副理所當然的態度跟你說：「這不是我負責的，我不清楚。」這種做事方式總是讓人火大。

假設客訴內容跟自己所屬的部門無關，這時候該如何應對呢？首先，**「我不清楚」這個說法本身就不能用在應對顧客上。**這就跟應對客訴一樣，你必須告訴自己，顧客「遇到麻煩了」，要設身處地傾聽對方的困擾。可想而知，當你說出「我不清楚」之後，下一個接到電話的人就必須承受顧客情緒性的抱怨。

美國一家知名鞋店曾經發生過一件知名事件，有客人打錯電話，向這家鞋店訂披薩，最後鞋店便代替那位客人打電話向披薩店訂餐，成功完成一次神應對。

以前我在客服部門工作的時候，也曾經接到顧客打錯電話來抱怨另一家同業公司。雖然那位顧客說到一半，就發現自己打錯電話，不過我還是把他的抱怨聽到最後，然後針對他的抱怨回應對方：「我想這是業界共同要面對的客題。」後來那位顧客非常感動，甚至還說：「以後我買東西都只要找你！」（笑）。

我認為，為眼前的顧客盡全力做到最好，才是應對客訴最重要的事。

客訴心理學

互踢皮球會讓顧客覺得對方絲毫不在乎自己「不知道該怎麼辦」的心情。

具體行動

對顧客的心情展現理解的態度，別讓自己以外的其他人接到抱怨。

041 拿規定當擋箭牌來解釋，會讓顧客更不願接受

如果你拿法條或公司規定當擋箭牌，試圖說服顧客，將無法平息顧客的怒氣。非但如此，這反而是引發顧客更大抱怨的原因。

如果你跟客人說：「如果沒有個人證明文件，我們沒辦法受理。」顧客恐怕不會接受，反而會說：「那是你們自己訂的規定，別想逼我照做，我才不會理你！」要求顧客遵守法條和規定，當然很重要，但如果表達方式不對，用強迫的作法來進行，只會讓顧客更不想接受。

既然如此，應該怎麼做才對呢？答案是：你必須**明確告知為什麼要這麼做的**

「背後原因」或是「理由」。

以上述的例子來說，如果你不說明需要個人證明文件的原因，顧客只會覺得你在打官腔，沒有誠意，當然會生氣。需要個人證明文件的背後原因，是「為了防止詐騙犯罪，需要大家的協助」。你至少必須要針對這個部分詳細說明，讓顧客瞭解「原來是這樣，所以才需要看個人證明文件」。

大阪的串燒店都會要求顧客遵守「禁止重複沾醬」的規定，店家通常會清楚解釋這並不是沒由來的強迫規定，而是基於衛生層面的考量，以預防吃過的串燒重複沾醬會有傳染病的疑慮，另一方面也是為了避免蘸醬走味，才會有這項規定。有了這樣明確的說明，顧客也都會欣然接受，願意遵守。

那些顯少被投訴的醫院和經常被投訴的醫院，兩者在對患者進行說明時，在應對技巧上有非常大的差異。

尤其是針對等待時間，「請在等候區等待叫號」這種說法，每家醫院都一樣。可是，能夠進一步針對大概需要的等待時間、為什麼沒有照掛號號碼叫號等進行說明的醫院，通常患者都會給予很高的評價，也不會有客訴問題。我相信，只要站在顧客的立場，很快就會知道什麼樣的說明才能讓顧客接受。

客訴心理學

「法條和公司規定就是這樣」，這種說法聽起來就像是在強迫，會讓人心生抗拒。

具體行動

光說「這是規定」，很難讓人接受，不妨針對為什麼會有這樣的規定，也一併解釋給顧客聽。

向顧客承諾「錯誤不會再發生」，有時會帶來反效果

關於應對客訴的解決辦法，很常聽到的一種說法是：「我們會努力避免這種事情再度發生。」尤其是店長和主管級的公務員，經常會把這種說法當作解決方案。

希望大家明白，「努力避免這種事情再度發生」的說法，有適合跟不適合使用的情況。

所謂不能使用的情況，當然就是指，其實你心裡根本沒有任何對策，卻還是這麼跟顧客說。

有常客向超市店長投訴，抱怨收銀員的態度不好：「店長，你們是不是都沒有

在教育員工？幫客人將商品裝袋時都用丟的！」店長對此的回應是：「我們會努力避免，不讓這種事情再度發生！」沒想到這句話讓顧客更加惱火：「你少在那邊說敷衍的話！我看那個員工根本沒有接受過教育訓練！」反而對店長產生不信任感。

適合說這句話的時機點，是在大略聽完顧客的抱怨，並且確認過狀況之後，也就是在明確知道己方的工作方式能夠做什麼調整之後，才能說這句話。

以上述的例子來說，必須將顧客的意見轉達給負責收銀臺的該名員工，聽聽他的說法。假設員工的解釋是：「因為當時有很多人在排隊等結帳，我急著消化人龍，所以裝袋的時候才忘了要小心注意。」這時，你不妨當場教育員工：「不用急沒關係，要專心服務眼前的客人，別讓客人買東西買出一肚子氣。」除此之外，等到日後那位常客再到店裡的時候，如果能這麼告訴他：「非常感謝您前陣子提供的意見，我們已經聽過那名員工的說法，也告訴他要避免同樣的事情再發生。還請您以後繼續支持我們。」相信對方應該也會很滿意這樣的作法。

總歸一句，客訴就是顧客給的建議。換言之，就是為己方提供改善作業流程的想法。若是你真心想要避免同樣的情況再度發生，就應該藉由客訴來改變己方的作業方式，以獲得更多顧客的滿意笑容。

客訴心理學

顧客就算聽到店家說「我們會努力避免這種事情再度發生」，也改變不了自己蒙受損害的事實，所以除非店家展現認真看待問題的態度，否則實在難以接受。

具體行動

認真看待問題，想辦法避免相同的錯誤再度發生，如此才能獲得更多顧客的滿意笑容，也提升了己方的服務。

043

應該為顧客提供的解決辦法

只要展現反省的態度，有些問題就會平息

關於應對客訴時該提供什麼樣的解決辦法給顧客，其實只要你專心傾聽顧客的問題，答案自然會浮現。常見的情況大致可分為兩大類：

第一種是需要為顧客解決問題的情況。

另一種是顧客有話想說，希望獲得理解的情況。

第一種指的是應該提供的商品或服務不完整的情況，例如商品有瑕疵等。以這種情況來說，應對的方式有提供更換商品，或是依照顧客的要求來重新提供服務。

舉例來說，假設顧客上網買東西，結果收到的卻是不一樣的商品，或者是手機送修之後又出現一樣的故障問題。這種時候，你應該要透過排除造成顧客不便的原因來解決問題，例如馬上為顧客更換正確商品、收回手機重新維修。

第二種情況指的是顧客不滿的情緒達到臨界點，不發洩出來就不痛快，希望能藉此讓對方理解自己的心情。

例如，顧客訂了溫泉旅館的房間，結果到了現場之後，發現跟照片完全不一樣。或者是來家裡維修冷氣機的維修人員態度不佳，讓人無法接受等。

針對這一類的情況，沒有辦法靠實際具體的方式來解決，因為顧客生氣的原因是過去發生的某件事帶給他不開心的感覺，因此這時候你必須先盡量展現向顧客反省的態度。

就算你告訴顧客「我們會提供您下一次使用的優惠券」、「我們一定會貫徹員工教育訓練」，但光是這樣，恐怕只會讓顧客氣得大罵：「你們以為這樣就算解決了嗎？」

應對這種顧客有話想說的客訴，沒有所謂的具體解決對策，而是要體會顧客的心情，並且傳達出自己反省的態度。例如：「很遺憾辜負了您的期待，實在非常抱歉」、「關於我們員工的做事態度不夠謹慎，在聽完您的反應後，我們實在非常抱歉」。

看到店家反省的態度後，顧客才會願意接受，甚至說：「你們瞭解就好，只要別再發生同樣的狀況就行了。」

客訴心理學

面對「顧客有話想說」的客訴，體會對方的心情比什麼都重要。

具體行動

關於對過去發生的事情所產生的抱怨，你要理解顧客的心情，並且傳達出反省的態度。

044 硬要顧客接受解決方案，有時會偏離顧客原本的期望

應對客訴很重要的一點是，最終要讓顧客同意並接受你提出來的解決方案。

在提出解決方案的時候，如果你只是單純提供辦法，例如：「我會把您的意見傳達給公司內部進行作業檢討」、「現在我立刻把正確的商品寄給您」，這樣是不夠的，一定要再加上「關於這次的事件，還請您見諒」、「不知道您對我們的應對是否滿意」，取得顧客的接受才行。

如果你在沒有得到顧客的「我知道了」、「就照你說的去做」的答案之前，就打算結束應對的話，經常會發生的一種狀況是，顧客後來又再度到其他部門或客服中

心投訴，抱怨道：「你們之前的應對根本只是公事公辦，完全沒有設身處地為顧客著想。」

曾經有某家人氣甜點店的官方網站接到一則主婦顧客的投訴：「我訂了你們的巨蛋泡芙，結果送來的東西裡少了一顆！」接到投訴信的應對者回信給對方說：「很抱歉造成您的困擾。我們可以把費用以現金掛號的方式退還給您，或是補寄商品給您。」導致事件愈演愈烈。

單從客訴信的內容來看，也許很難理解顧客的困擾。**一般人很容易會根據過去相同客訴的應對經驗，而做出同樣的回覆。**

事實上，這個案例中的顧客希望得到的解決對策，只是「想要證明給婆婆知道，自己沒有訂錯數量」。

發生這則客訴的原由是這樣的，投訴者受到同住婆婆的託付，想買常吃的泡芙給來家裡作客的三名友人共同品嚐。於是她上網訂了四顆泡芙，結果卻只送來三顆，害她當場被婆婆嫌棄「你真的很沒用」，覺得很沒面子。

人們在透過信件回應客訴時，經常會單憑自己的判斷而提供了不必要的解決方案。以這個例子來說，只要寄一封說明「是我們的疏失造成您的困擾」的致歉信函給對方，就能挽回顧客的面子了。所以切記，提供解決方案時，請一定要得到顧客的同意。

客訴心理學

太仰賴過去的應對經驗，有時候會提供了不必要的解決方案。

具體行動

應該要獲得顧客的「接受」，而不是想辦法「說服」顧客。

045 以感謝為結尾，讓客訴變成建議

各位在結束應對的時候，都是用哪些說法呢？

是不是都以「關於這次的事件，實在非常抱歉」等道歉的說法來掛上電話，或是當面離開顧客的呢？**事實上，用道歉做為應對的結尾，是非常不恰當的作法。**

前面的內容中提過，應對客訴時一定要以道歉為開頭，避免第一時間的應對就失敗。但是，在應對的最後，最好是以「感謝」為結尾，而不是道歉。

- **在應對的最後向顧客表達感謝的說法**

「非常感謝您讓我們知道自己哪裡做得不夠好。」

「藉由您這次的反應，我們發現自己的許多問題，非常感謝您的來電。」

「您的意見讓我們注意到，過去是不是也同樣造成了其他顧客的困擾，實在非常感謝您的提醒。」

你可以像這樣明確地表明，透過對方的意見和提醒，讓自己發現工作上還有許多不足的地方。

那些擅長應對的人，最後一定都會想辦法以感謝做為應對的結尾。因為他們知道，用這種心態去面對客訴，才有辦法讓顧客轉怒為笑。

之所以要用感謝為結尾而不是道歉，是因為**如果以道歉結尾，等於是你一直把對方當成「投訴的顧客」來對待。相反的，如果是用感謝劃下句點，意味著你把對方當成提供「建議」的顧客**。受到感謝的顧客，自然會認為你們是一家能夠接納抱怨、值得信賴的公司，最後甚至還會好心地替你們四處宣傳。

客訴心理學

用道歉為結尾，會讓顧客有被當成惡劣顧客對待的感覺。

具體行動

想要讓顧客轉怒為笑，記得在應對的最後要感謝對方的投訴。

046 客訴應對指南的重要性

少了指南，就無法有條理地做出應對

應對客訴不該是臨機應對，而是依照步驟有條理地與顧客進行溝通，如此一來才不會以失敗收場。

因此，你必須將這些步驟整理成客訴應對指南，建立一套體制，讓組織內的每個成員都能做出相同的應對和結果。

面對客訴時，一定要隨時思考，如果換成自己是客訴者，對方要怎麼做，我才會感到滿意？

所以，應對的步驟要像這樣：一開始先以道歉展現理解顧客心情的態度，藉此讓顧客冷靜下來，使雙方從對立關係變成可以對話的狀態。

當顧客在陳述問題時，記得要邊聽邊做筆記，並且對顧客說的話展現出理解的態度。你這麼做，也能讓顧客的情緒漸漸緩和下來，願意好好對話。

你不必急著提出解決方案，先瞭解顧客抱怨的背後原因和理由，再告訴顧客：「我瞭解您的情況了」，明確讓顧客知道你能理解他，這時候再提出解決方案。

在提出解決方案之前，你必須先問過顧客，等到對方同意讓你說話時，才能提供你的辦法。解決方案不能硬塞給對方，一定要確認對方願意接受才行。

等到顧客願意接受你的方案之後，在應對的最後，記得針對顧客說出自己的不滿這件事，表達感謝的心情。只要你照著以上這些步驟做，就能順利讓顧客轉怒為笑；大家不妨就把這些步驟整理成應對指南吧。

應對的最終目標，是要讓顧客覺得「幸好自己有把不滿說出來」。雖然顧客一開始的感覺不是很好，不過最後你要讓對方覺得自己的意見有被接納，以後也願意繼續給予支持，成為你的忠實顧客。客訴不是危機，你應該把它當成積極面對顧客、強化顧客關係的機會，讓應對指南成為組織內部的共通守則。

客訴心理學

透過制定應對指南，事先準備好一套有系統的應對方針與步驟，遇到客訴發生時才不會慌了手腳，可以從容地正面迎接顧客的抱怨。

具體行動

為了讓所有人都能做出同樣的應對，請務必事先整理出一套客訴應對指南。

第4章

技巧再提升！客訴應對的高級技巧

047 急著回信，可能會出現錯字

近來以電子郵件回覆客訴的機會愈來愈多，這種應對方式雖然跟透過電話應對一樣看不見對方，但由於無法即時對話，內容的正確性就變得非常重要。你的內容可能會讓顧客轉怒為笑，但相反的，不夠精確的內容也會反過來讓顧客更加生氣。

關於回覆客訴信，我希望各位一定要注意的重點，就是避免文章內容的語氣過於公事公辦，缺乏感情。

很常見的一種情況是，應對者原本是希望內容看起來不失尊敬，結果卻讓顧客感覺「冷淡」、「沒有感情」，因此留下不好的印象。

那麼，回覆客訴信時，到底應該怎麼寫呢？建議大家寫完之後，**不要只是看著螢幕內容默讀，應該列印出來，直接唸出聲音。**

很多看著螢幕內容默讀時覺得很有禮貌的用法，在列印出來逐字唸過之後，會發現「顯得過於冷淡、缺乏感情」。

特別是內容充滿自顧自的想法，完全看不到任何對顧客的心情展現同理心的表現等，都會在列印出來逐字唸過之後才能發現。

另外，若要寫出一封完美的客訴回覆信，**除了自己讀過以外，也可以請同事或主管幫忙檢查**，並且提供意見，例如「可以加一句〇〇，讓顧客更明白你的意思」等。有時候，這還可以順便抓出意想不到的錯字和漏字，所以記得一定要先請身邊的人幫忙看過，確認無誤之後，再將正確的信件傳送給顧客。

最近也愈來愈常發生因為輸入法建議字詞而造成的錯字，引發顧客生氣的案例，甚至還有人把「以後也要繼續支持我們喔，麻煩你囉！」「送上下次可以使用的餐卷」這種內容，直接寄給顧客。

客訴心理學

用詞沒有經過反覆推敲的道歉函，反而會給人隨便的感覺。

具體行動

為了模擬顧客讀完信件的心情，撰寫回覆信時，一定要唸出聲音來檢查。

048 萬一看不懂信件內容的意思，就直接改用電話應對

關於客訴信的應對，需要的是讀懂顧客所寫內容的技巧。讀完客訴信後，如果讓你產生「顧客到底遇到什麼問題？」「現在的心情是怎麼樣？」「他想要我們怎麼做？」等疑問，這時候一定要進一步回信問清楚。

不過，很遺憾的是，也有些客訴信是不論你讀幾遍，還是沒辦法理解顧客究竟想要做什麼。這種時候，你與其發揮想像力去試圖理解，再回信給顧客，不如直接改用電話來應對。

舉例來說，假設你收到一封寫滿「王八蛋！混蛋！」等粗話、看不懂內容意思的客訴信。針對這種內容，你可以這麼回信。

•看不懂內容的客訴信應對範例

1、展現同理心

非常感謝您購買我們的商品。從您的來信中可以充分感受到您的憤怒，對於商品無法滿足您的期待，我們衷心感到十分抱歉。

2、改變應對方式

為此，我們希望能進一步跟您問清楚詳細狀況，不知道您是否方便留下聯絡方式？我是負責這次事件的〇〇〇，到時候會由我在您方便的時間，打電話跟您聯繫。

3、致歉和請求

實在很抱歉一直給您添麻煩。期待您的回覆。

像這樣一方面表達道歉和請求，一方面確認顧客的聯絡方式，**將應對從信件改成透過電話進行，效果會更好。**不少在夜裡酒醉的情況下寫客訴信的顧客，在白天酒醒之後，都能透過電話冷靜地對話。

客訴心理學

客訴信內容讓人看不懂的顧客，有很多人都是情緒尚未整理好。

具體行動

擅自斷定顧客的要求，將會衍生出大問題，最好透過致歉與展現同理心的回覆信聯絡對方，將應對改成透過電話進行。

049 讓對方的名字不停出現在內容中，更容易打動顧客的心

在客訴信的應對上，最要避免的情況，就是跟顧客信件往來的次數過多。不停地信件往來，對雙方來說都是壓力，也會浪費太多時間。

因此，有能力寫出一封好的回覆信，讓應對能一次完成，就變得非常重要。客訴信的應對，就跟電話還有面對面應對一樣，要站在客訴者的立場，思考什麼樣的回信內容會讓人看了開心。

想要靠一次回信就完成應對，其中有「五大重點」缺一不可。以下就是運用了這「五大重點」的回信示範。

・客訴信回覆示範

1、道歉

辜負了您多年來的支持，這次我們公司的應對讓○○○您感到極度不悅，實在非常抱歉。

2、展現同理心

○○○您是基於信賴我們，才會跟我們簽約合作，如今卻發生這種事情。一想到○○○您會有多麼失望，我們實在感到不安。

3、查明原因

關於這次事件的原因，完全是因為我們沒有將○○○您之前的提醒傳達給內部同事所造成，這一點我們無以辯解。

4、提供解決辦法（今後的應對辦法）

對於這次的疏失，我們已經深深反省過了，一定會針對內部傳達與工作流程，進行徹底檢討和改進，以挽回〇〇〇您對我們的信任。

5、感謝

對於這一次造成您的不悅，在這裡再次致上歉意，同時也誠心感謝〇〇〇您讓我們知道自己做得不夠好的地方。

從這封示範信中可以發現，在文中多次提到顧客的名字，**會讓文章讀起來更能打動顧客的心**。這種回信方式，請大家務必當作參考。

客訴心理學

三番兩次地信件往來，對顧客和應對者來說都會感到身心俱疲。

具體行動

想要靠一次回信就完成應對，回信內容必須包含「道歉」、「展現同理心」、「查明原因」、「提供解決辦法」、「感謝」等五大重點。規則是，讓對方的名字不斷出現在內容中。

050 常客抱怨的原因

常客之所以抱怨，是因為覺得自己多年的支持被漠視

有時候，長年支持的老顧客會提出稍微無理的要求，這時候如果你應對得不好，通常就會演變成客訴事件。

以下是發生在紅酒專賣店的案例。店裡的常客買了一瓶紅酒，由於沒有特別提出要求，店員只做了簡單的打包。沒想到該名常客突然暴怒道：「你把我當傻子嗎？我要免費的禮盒包裝！」

當天負責接待的員工是新來的工讀生，面對這聽來稍嫌無理的要求，一時也有了情緒，直接拒絕對方：「如果你不付錢，我沒辦法幫你包裝！」導致事情最後演

變成重大客訴。

一旁的老員工趕緊介入，先是向顧客道歉，再聆聽對方的說法，這時，這位常客才說出以下的話：

「我在這裡買東西已經將近三十年了，結果最近我一進來，居然連打聲招呼都沒有，以前從來不會這樣。就連包裝也是，以前都會問我想要怎麼包裝，最近除非我主動要求，不然都只是隨便包好就把東西給我。你們現在的做事方式，變得跟以前完全不一樣，看了就讓人失望。」

怎麼樣，是不是可以從這段話中完全瞭解顧客的心情呢？就算對店家來說，對每個顧客都應該平等對待，可是站在長年支持店家的常客的立場來說，多少都會覺得自己可是長年**對店家的業績付出許多的常客**，不是嗎？現在大家應該明白，這位常客之所以生氣抱怨，其實是希望店家能理解他的心情，好好地接待他。

當然，只要沒有客訴發生，一切都沒問題。一旦客訴發生時，才會發現顧客和店家的認知其實並非一致。

以這個案例來說，店家不妨可以試著做出誠心的道歉，例如：「很抱歉讓一直以來支持我們的您，有這種不舒服的感覺，我們在接待應對上做得不夠好，實在非常慚愧。」

我相信，如果顧客聽到這種應對，一定會說「你能明白就好」，也不會再要求什麼免費包裝了。

客訴心理學

常客的無理抱怨，有很多都是因為想要受到重視。

具體行動

如果想要知道平時支持自己的常客突然抱怨的原因，不妨好好地聽他說話。

情緒性的應對，只會讓顧客留下尷尬的感覺

當有客訴事件發生時，並不是每次都是接受方的錯，有時候在詢問詳情之後，會發現其實自己並沒有錯。

這種時候，一定要避免自己變得情緒化，讓對方看出你的心情。萬一不小心說出自己一時的情緒，使得你和顧客的關係變得尷尬，很可能會因此失去這個客人。我認為，在工作上，比起自己的情緒，更重要的應該是尊重顧客的感覺。

有個在辦公大樓上班的女子，打電話到大樓管理室抱怨：「你們是在做什麼！

我們辦公室的空調從剛剛開始就冷得要命，可以想點辦法嗎？」她的語氣聽起來十分氣憤。

事實上，女子身處的辦公室的空調溫度，跟整棟大樓的溫度都是一樣的設定，而其他樓層並沒有類似的投訴。

接電話的應對者認為自己沒有錯，於是回應女子：「其他樓層的人也沒有抱怨啊！」光從聲音就聽得出應對者不是很高興，從中感受不到為人著想的意思。這讓女子大為光火，原本的小抱怨最後演變得不可收拾。

像這種自己沒有錯的情況，在應對上更應該小心，必須讓顧客感受到你有為他著想。

你可以先以道歉為開場白：「很抱歉讓您感到不舒服。」然後再確認狀況：「您是指整個辦公室都很冷嗎？還是冷氣的風直接吹在您身上？」經過確認後，如果是整個辦公室都很冷，就可以表示關心：「冷氣太冷的確會影響到工作。」

你在告知空調溫度是整棟大樓統一設定的事實之後，如果可以提供一些保暖的方法，例如喝點熱茶，或是披件小毯子來禦寒等，對方聽了也會比較舒服，說不定還會表示諒解。

客訴心理學

被投訴的一方如果直接主張自己沒有錯，有時候會讓投訴者聽起來感覺不太舒服。

具體行動

為了避免讓顧客生氣，就算自己沒有錯，也要傾聽顧客的問題，提供有用的解決辦法。

052

用正面說詞應對，讓顧客放心

在第一線應對客訴的人經常有一種困擾是：「老是接到一樣的客訴問題，我也知道要改，可是我又不是主管，沒辦法批評公司的體制，也不能隨便更改作業方式，但這些話又不能向抱怨的顧客說，到底該怎麼做才對？」

我可以理解這種困擾的心情，自己除了聽顧客述說之外，什麼事都沒辦法做，感覺力不從心。

尤其是面對「等太久」、「快點補貨」之類的客訴，很多都是沒辦法在一時之間就獲得解決的問題。說不定還有老顧客會說：「其他公司都有這種服務，為什麼你們不這樣做？」老是拿其他同業的作法來比較，抱怨你們的不是。

對於這種情況，最常見的應對就是：「謝謝您的寶貴意見，我們一定會謹慎參考。」藉此來敷衍帶過。可是，過了一段時間之後，當你被顧客問到：「之前跟你們反應的那件事，後來有結果了嗎？」如果你回答情況沒有改變，不用想也知道一定又會被顧客臭罵一頓。

因此，我有個方法可以提供給大家。你可以這麼回應對方：

「實在非常抱歉，其實關於您說的這一點，現階段我們並沒有改善調整的計畫。」老實地向顧客坦白，並且致上歉意。

接著再跟對方說：「考量到對顧客的服務品質，目前我們會以○○的部分優先做調整。」

雖然沒有辦法做到顧客建議的部分，可是有加強其他部分的服務。透過這樣的說法，使焦點轉移到正面的方向。這個世界上，沒有任何一家企業能完全迎合顧客的期待，正因為如此，在應對上就要有技巧，主動把焦點集中在自己的強項和正在改進的部分，讓顧客感到放心。

不必對自己是不是管理職而感到氣憤，重要的是提升自己的說話技巧，讓顧客能因為你的應對而轉怒為笑。

客訴心理學

一直想著超乎自己能力範圍外的方法，只會增加痛苦，還是把重心擺在自己能辦到的事情上。

具體行動

先針對無法滿足顧客的要求來道歉，接著轉移焦點，把話題帶到公司正在優先加強改善的部分，或是自家公司的強項，讓顧客放心。

當顧客說「叫主管出來！」先避開對方的要求，主動道歉

說到客訴應對，相信大家都遇過的一種情況是，不管顧客是來到店裡或是打電話，劈頭就要求「叫主管出來！」「叫負責人出來！」「叫老闆出來！」，讓人不知該如何應對。

可以確定的是，這時候最糟糕的應對就是告訴對方：「負責的人現在外出不在。」當然也有可能是那個人真的不在，只不過，這麼說會讓顧客的態度更強硬，說不定還會要求：「那你現在就馬上打電話給他！」

最近，不少公司會要求第一線的應對人員跟顧客表明：「這部分是由我負責

的。」直接扛起應對的責任。但是，我認為這種作法也不是很恰當。

這種情況最常見的結果是，顧客對於怎樣都不讓負責人出面的公司態度十分不滿，繼續堅持：「跟你說也沒用！叫主管出來！」雙方一直僵持不下，根本不曉得顧客一開始究竟為什麼會生氣。

我建議，這種時候的回應方式，應該要以「有限度的道歉」加上「展現傾聽的態度」。

舉例來說，假設顧客要求：「可以請店長出來一下嗎？」這時候你要小心地回應：「很抱歉我們的服務讓您感到不滿意，是否可以請您告訴我是哪方面的問題？」「很抱歉造成您的麻煩。我的名字是〇〇〇，我會將您的問題和意見記錄下來，再轉達給主管。」**重點在於，一概不要提到主管要不要出面的問題，而是以避免第一時間應對失敗的基本作法，也就是「道歉」開始，讓顧客先冷靜下來。**

就算要請出主管，你也要等到顧客稍微冷靜下來之後，再由主管出面回應，這才是比較恰當的作法。

應對客訴時，本來就不能被顧客牽著鼻子走，應該由自己掌握主導權，用自己的方法去應對。我認識的某些公司，因為知道只要主管出面，結果一定會演變成爭執，所以有些會堅持由第一線的員工自己想辦法完成應對（笑）。

客訴心理學

有時候主管愈是不出面，顧客就會愈堅持。

具體行動

不管顧客要求主管出面的事，第一時間先以道歉應對，避免一開始就失敗。

054

利用「擔心」、「不安」的說法，展現反省的態度

面對激動、變得情緒化的顧客，你必須想辦法讓他冷靜下來，恢復到可以好好對話的狀態，否則應對起來會變得十分困難。

尤其是如果顧客激動的情緒遲遲無法冷靜下來，應對者也會感到害怕，擔心對方是不是惡劣顧客。

但事實上，顧客同樣也是懷著擔心、不安的心情。

顧客之所以說出心裡的抱怨，除了希望自己的問題能獲得解決以外，其實更想

得到對方的理解。

顧客激動的情緒，其實說明了他遇到多大的困擾，而他希望得到的，是身為應對者的你理解「這件事讓他如此擔心」、「心裡充滿不安」。

這種情況比較像是跟身邊的家人進行溝通，而不是客訴應對。

這是我自己的經驗，有一次，我的孩子超過約定好的時間才回到家，而且還一副什麼事都沒有發生的樣子，氣得我當場把孩子痛罵了一頓。比起他的「晚歸」，最讓我生氣的原因，是他讓我「**擔心**」、「**不安**」，害怕他會不會發生什麼意外了。

換作是客訴的情況，假設顧客「上網買了明天要用到的商品，結果到了預定到貨時間，卻還沒有收到商品」。這時候，顧客心裡當然會感到不安，擔心「萬一最後還是沒有收到商品怎麼辦……」

假設後來他終於收到商品，可是遲到的送貨員卻一副若無其事的樣子，連一句「抱歉」也沒有，那麼情況到最後通常會演變成重大客訴。

面對這種客訴，你最好要展現出自己的歉意和反省態度，例如：「商品沒有依照預定時間送達，讓您擔心了，實在非常抱歉」、「由於我們的疏失，讓您感到擔心，實在很抱歉」。只要你針對顧客最氣憤的原因表達歉意，顧客應該就能漸漸恢復冷靜了。

客訴心理學

情緒激動的顧客，其實是希望你能瞭解他有多麼擔心和不安。

具體行動

透過「我明白您現在的不安心情」的説法，表現對顧客心情的理解。

055

以道歉為結尾，避免以拒絕的說法結束

在確認過顧客的抱怨內容之後，有些時候對方的要求是自己辦不到的，或者是非拒絕不可。

在這種情況下，如何透過顧及對方心情的說法，來表達自己的抱歉，會深深影響到顧客的接受度。我把這一類的說法稱為「緩衝說詞」。

・顧慮顧客心情的緩衝說詞

「不好意思……」「非常抱歉……」

「實在很不巧地……」「如果方便的話……」

「實在很難以啟齒……」

「實在很抱歉，要麻煩您……」

「很遺憾沒能幫上忙……」

「經過我們內部的確實檢討……」

「實在很冒昧，但是要麻煩您……」

「抱歉給您添麻煩，請您……」

「這件事我會再和〇〇〇討論，不過……」

請大家平時就要多充實這方面的詞彙能力，做好準備以隨時派上用場，特別是在當面應對顧客的投訴，或是客訴電話的應對上。

尤其是無法應顧客的要求給予退費或退貨，或是針對「親自來家裡道歉」之類的不當要求，進行拒絕的時候，這些緩衝說詞都是必須要學會的應對說法。

還有一點也很重要：在說完緩衝說詞，進入拒絕階段時，要特別注意用詞的表現，別用消極的句子來做結尾。

- **錯誤應對**：「很抱歉，我們恐怕沒辦法退費給您。」
- **正確應對**：「我們恐怕沒辦法退費給您，實在非常抱歉。」

像這樣**避免用拒絕做結尾，而是藉由道歉，表現出無法滿足對方要求的遺憾，盡量想辦法讓顧客能夠接受**。因為說話的順序不同，給人的印象也會截然不同。

客訴心理學

最後是用拒絕還是道歉做結尾，給顧客留下的印象大不相同。

具體行動

利用「緩衝說詞」來表達歉意，讓你的拒絕更容易被接受。

056 透過較長的緩衝說詞，讓顧客更容易接受反對意見

在聽完顧客的說法，確認過現場狀況之後，有時候其實錯不在己方。

假設顧客反應「我沒看到」、「你們又沒有說」、「這是瑕疵品」，但實際上你們確實已經做了說明，或者商品根本沒有瑕疵，這時應該怎麼回應顧客呢？

當然，如果你馬上主張己方沒有錯，例如：「不對，我們已經說得很清楚了」、「我們沒有任何疏失」，或者是打斷顧客的話，對方肯定會將憤怒的矛頭指向你。這一點大家應該都很明白。

看到對方把憤怒的矛頭指向自己，一時之間自己也會忍不住激動了起來，不禁脫口說出情緒性的話：「可是……」、「我剛剛已經解釋過了……」、「那你要我怎麼做」等。到了這個地步，除非換人出面應對，否則情況肯定無法獲得圓滿的解決。

在應對客訴的時候，雖然不能有任何否定顧客的反駁說詞，可是，在必須表明與顧客不同的見解時，使用反對說法不會有什麼問題。

只不過，提出反對最重要的目的，應該是要讓顧客願意接受己方的說法。

以下幾個說法，是我個人認為用來反對顧客的最恰當作法：

「我不知道該不該向您說明，怕會讓您感到不開心……」

「不知道該怎麼跟您解釋才好，事實上……」

你不妨就這麼跟顧客說。

我之所以推薦這些說法，是因為這麼說會表現出你顧慮到顧客的感覺，而且**說**

完這些話之後再提出反對，任誰都能夠接受。另一個好處是，這些說法能讓顧客做好心理準備，知道接下來會聽到反對意見。

客訴心理學

較長的緩衝說詞通常會讓顧客的情緒稍微緩和下來，加上對方也明白接下來會聽到反對意見，就比較不會生氣。

具體行動

在己方沒有錯的情況下，更應該要用顧及顧客感受的緩衝說詞來應對。

057 指出正確實情後立刻自我檢討，避免讓顧客感到丟臉

那種被投訴的內容並非己方的疏失，而不得不提出反駁的情況，大部分都是顧客一廂情願的想法或誤解所造成的抱怨。只不過，面對正在氣頭上、情緒激動的顧客，多數應對者都會被對方的氣勢所震懾而難以開口反駁。

有些應對者為了不想讓情況愈演愈烈，會乾脆承認自己有錯，請求對方的原諒，例如「是我們的服務做得不夠周全」。

乍聽之下，也許你會覺得這是個好方法，但實際上經常看到的一個結果是，顧客因此態度變得更強硬：「既然這樣，你們要怎麼負責？」開始窮追猛打。

針對這種顧客的一廂情願或誤解所造成的客訴，我花了好幾年的時間在研究應對方法，最後發現方法只有一個，就是除了承認自己的服務做得不夠周全之外，也要指出顧客的誤解。

只不是，**提出這兩點的先後順序非常重要，請務必先(1)指出顧客誤會的地方，接著再(2)自我反省服務做得不夠周全。**

・面對顧客一廂情願的想法或誤解時的回應方式

店員先前已經把食品的有效期限告知顧客，後來顧客卻堅持「你們當初沒有告知有效期限，害我把食品放到過期」：

1 指出顧客的誤解

其實只要有客人購買這項商品，我們一定都會告知對方有效期限是什麼時候。

2 自我反省的部分

不過，今天您的意見提醒了我們，以後應該要更確實地說明，直到確定顧客都瞭解為止。關於這一點，是我們要自我檢討及反省的地方。

這樣的回應方式，說明了雖然顧客誤解了事實，但自己也有服務不周的地方。這樣就不會讓顧客覺得丟臉，也能圓滿解決問題。

客訴心理學

如果只指出顧客的錯誤，會讓顧客感到尷尬。

具體行動

除了指出顧客的誤解以外，還要針對自己服務不周的地方表現反省的態度，讓情況變成雙方都有錯。

058

提出自己「辦得到的事」，達到強化顧客關係的效果

應對客訴時，經常遇到的一種情況是，顧客提出不合理的要求。很多公司遇到這種情況，如果己方沒有什麼特別的疏失，就會直接把對方視為「怪人」，完全不理會對方的要求，從頭到尾採取拒絕的應對態度。

以下是室內裝修公司發生的案例。顧客在衛浴整修工程完工後三個月，打電話來抱怨：「地板變得黑黑的，會不會是當初施工不當？」完工後都已經過了三個月，如果使用後沒有定期打掃清洗，地板當然會有汙漬，這是一般人都有的常識。可是，這位顧客卻要求「免費重新貼地磚」。

這種要求實在太過分，被投訴的裝修公司不可能接受。這種時候的應對說法可以直接拒絕對方：「不好意思，很遺憾我們沒辦法接受您的要求，實在非常抱歉。」不過，厲害的應對者會把這種情況視為一個大好機會，思考自己能為顧客做什麼。

舉例來說，如果要為顧客消除「會不會是施工不當」的擔心，可以直接到現場勘查。到了現場之後，假如不是施工不當的問題，此時除了告知顧客：「沒有施工不當的問題。」以主張自己的正當性之外，是不是還可以提供能輕鬆去除地板汙漬的清潔劑或打掃方式呢？

案例中的這家裝修公司也是我的客戶，他們在工程結束後的後續服務，包括應對客訴在內，都投入了非常多的精力。**遇到這類情況時，他們除了表明自己「辦不到」的事以外，也會認真思考自己「辦得到」的事，提供解決問題的方法給顧客。實際上，這個作法讓他們贏得許多顧客的信賴，不僅把追加工程交給他們，甚至還**

會幫忙介紹新客戶。

應對客訴時，不太會完全接受顧客提出的每個要求，正因如此，即便你覺得顧客的要求太過分，也不妨換個角度思考，暫時撇開拒絕的心情，透過好好跟顧客溝通，說不定反而能得到對方的信賴，達到強化顧客關係的效果。

客訴心理學

顧客會提出過分的要求，有時候是因為遇到問題卻不知道怎麼解決，你不妨把這種情況當成新的工作機會。

具體行動

遇到過分的要求時，不要先急著拒絕，先想想有沒有什麼是自己做得到的。

059 當顧客要求退費時的判斷標準

只要符合契約內容，就不必退費

每次針對服務業和餐旅業舉行客訴應對研習講座，我在問答時間經常被問到的，就是關於顧客要求退費的問題。

萬一顧客說：「買來的東西壞掉了」、「跟網站上寫的不一樣」、「這東西我不喜歡」、「這跟我想的不一樣」，並且要求退費，這時候該怎麼回應呢？

先從結論來說，我認為，**可以將「是否符合契約內容」當作判斷標準**。也就是根據自己是否已經依照契約，提供顧客應有的服務，以此做為退費的標準。

舉例來說，假設顧客抱怨「買來的東西壞掉了」，這時候，你要親眼確認商品，若商品真的有瑕疵，等同與契約內容不符，倘若顧客要求退費，己方就必須依照顧客的要求做出回應。

又例如「跟網站上寫的不一樣」的客訴，假設顧客在網站上預訂的溫泉旅館泡湯專案中載明「房間內附有露天溫泉」，到了當天卻因為露天溫泉的鍋爐故障而無法使用，這時候便構成退費的條件。

相反的，如果要求退費的理由是「這東西我不喜歡」，就不屬於己方的疏失，純粹是顧客主觀感受的問題，因此，你可以判斷不需要做出退費的回應。

類似的情況還有顧客主張「這跟我想的不一樣」，例如，幾天前來美髮沙龍染髮的顧客打電話來抱怨：「染完之後的顏色跟我想的不一樣。」這時候你也不需要退費，只要告知顧客，可以重新替她調整顏色，她只要再多付額外的費用就好了。

遇到客人氣得當面要求退費的情況，當下會讓人以為對方是想要趁機敲詐的惡劣顧客。不過，你在這種時候更要冷靜下來，只要根據自己是否依照契約內容完成服務，來做出判斷就行了。

就像上述美髮沙龍的應對一樣，就算不能退費，但可以為顧客提供專業的建議，例如：「有個方法可以幫您解決髮色的問題」。這麼做也有助於改善顧客關係，所以，大家不妨大膽地提供建議來應對。

客訴心理學

理解顧客說的「結果跟我想的不一樣」的心情，並且提供你的專業建議，這麼做對顧客關係也有正面幫助。

具體行動

別被顧客的氣勢嚇到而直接退費，記得根據契約內容，客觀地做出正確的判斷。

060

當顧客知道抱怨無用，自然會停止抱怨

愛抱怨的顧客也是讓人困擾的客訴類型之一。有一種顧客會不停地重複說同一件事，硬要對方接受他的要求。

遇到這種顧客時，你千萬不能因為耐不住他的抱怨，於是勉強答應要求。我能肯定的告訴各位，**允許這種「會吵的小孩有糖吃」的情況發生，是應對客訴上最要不得的作法之一。**

千萬不要覺得反正金額不大，也沒有其他的方法了，乾脆就應對方的要求給予退費。

為了避免會吵的小孩有糖吃的情況發生，除了堅定自己的立場，耐心且客氣地向顧客說明自己無法接受這樣的要求以外，其實還有其他方法。最有效的作法，就是拿「**過去的應對案例**」來當作擋箭牌。

舉例來說，假設顧客提出「我在你們產地直銷網站上購買的蘋果又硬又難吃，我想要退費」的不合理要求。你告訴對方：「已經開封的商品沒辦法退貨或是退費。」可是顧客沒辦法接受你的說法。很遺憾地，像這種情況，不論你說明再多遍，顧客都不會滿意，只會讓情況愈拖愈無法收拾。

這種時候，你可以直接改變態度，把過去的類似經驗告訴對方。例如：「其實，以前也有客人反應過蘋果的口感太硬，不過，我們在網站上的商品介紹欄都有特別說明，我們的蘋果特色就是口感比較脆，後味清爽。」接著再說明：「實在很抱歉，針對這一點，我們從以前的一貫作法就是不給予退貨和退費，所以很抱歉沒辦法幫上您的忙。」

那種愛抱怨的顧客最大的特徵，就是認為只要抱怨有效果，就能得到自己想要的結果。可是，透過上述的方式告知對方，從以前就是無法退費，不管哪個客人反應都一樣。這麼一來，對方就會知道就算繼續抱怨，結果也是一樣。既然結果不會改變，抱怨也只是浪費時間，對方就會放棄了。

客訴心理學

只要有一次讓顧客的抱怨達成目的，接下來就會有愈來愈多人有樣學樣。

具體行動

用明確的根據和過去的案例當作擋箭牌，別讓顧客的抱怨達成目的。

061

匿名客訴可以不必理會

最近我常被問到的問題之一，是關於如何應對打電話來客訴，卻不願表明身分的顧客。

舉例來說，公寓住戶之間發生糾紛，其中一方向公寓管理中心投訴：「那一戶家裡老是有惡臭味飄出，叫他們搬走！」又或者家電量販店的客服中心收到匿名投訴表示：「我被你們的銷售員強迫推銷，希望你們能把他開除！」

匿名客訴通常都是因為客訴者不想讓被投訴者知道自己的身分，只不過，這種匿名客訴通常都會伴隨著不合理的要求。

應對這一類的客訴時，你一定要請對方表明身分，例如：「**方便請教您的大名嗎？**」因為匿名會讓人感覺沒有可信度。

一般公司的電話總機或是客服中心，都不應該是顧客發洩壓力的出口。接到客訴時，在針對「時間、地點」、「發生什麼事」、「希望己方怎麼做」等問題進一步瞭解之前，應該先詢問顧客的姓名和聯絡方式。假如對方「不願透露」，你可以這麼告訴他：「非常抱歉，我們在接到顧客的意見，確認過事實狀況之後，都會把後續的應對方法告訴顧客，所以需要您留下大名和聯絡方式。」

根據我的經驗，**匿名客訴的人通常話都很多。**因為自己的身分沒有人知道，所以會有的沒的想說什麼就說什麼，就跟在推特上使用匿名說人壞話的貼文或留言一樣。對一般公司來說，大可以把這種投訴當成不值得採信的內容。

假如對方聽完你上述的回應後反問：「為什麼一定要說名字？」如果你再次解釋，對話只會變成沒有意義的鬼打牆。因此，有個應對的方法是，你可以告訴對方：「我待會兒會把我們公司的『顧客意見表』，用電子郵件或傳真的方式傳給您，再麻煩您回覆就好，謝謝。」強硬地表明你不回應匿名投訴電話的態度。這個方法請大家務必參考。

客訴心理學

對方之所以要匿名投訴，是因為想要隱藏身分以便暢所欲言。

具體行動

面對打匿名投訴電話的顧客，就以提供對方「顧客意見表」來結束應對吧。

062 被問到個人意見時的應對技巧

即使被問到個人意見，也要以組織代表的身分回應

在客訴應對的場合，當顧客希望應對者能夠瞭解他「遭受多大的傷害」、「心裡有多麼不開心」的時候，說話的聲音就會不由自主地愈來愈大聲，情緒也跟著激動起來。

當中甚至有些顧客會反問應對者：「換作是你，你會怎麼想？」「你一定也會跟我有同樣的心情，對吧？」希望得到應對者個人的同情或贊同。

在這種情況下，有些應對者會說出自己的想法，例如：「換作是我，也會有這種感覺。」「我也會跟您有同樣的想法。」

可是，一旦你這麼說，顧客會覺得你完全認同他，於是反過來向你提出不合理

的過分要求，像是：「既然這樣，你覺得現在應該怎麼做才對？」「對嘛，當然會想要求退費，所以你就去幫我跟主管說說看。」這時候你就很難拒絕了。

假設你被顧客問到個人的意見，不妨可以這麼回答：「站在我們的立場，也覺得非常抱歉，沒辦法幫上您的忙。」「聽完您的描述，我們非常能夠理解您的憤怒。」藉此展現歉意和同理心。

出面應對客訴的，也許只有你一個人。但無論如何，你還是要以公司代表的身分做出應對。千萬不能忘記這個立場。

再說，企業和組織在面對客訴的時候，不論出面應對的人是誰，都必須要能夠做出相同的應對，也就是以組織一致的方式來做出應對。

但很遺憾的是，有些時候，由於應對者缺乏這種意識，用個人的意見和想法來回應顧客，導致後來顧客覺得「之前那個人明明是那樣跟我說的，為什麼你現在又這樣說！」，讓客訴的焦點完全偏離了方向。

顧客會把應對者說的每一句話，全部當成企業和組織的立場來想。因此，身為應對者，一定要隨時提醒自己要站在代表公司的立場來做出應對。

客訴心理學

顧客之所以詢問應對者個人的意見，是希望自己的感受能被接受。但應對者個人的意見，可能會導致公司容易受到攻擊。

具體行動

當顧客期望得到身為應對者的你的個人同情和贊同時，一概都要以「道歉」和「展現同理心的說詞」來回應。

063 聽對方抱怨過去的客訴經驗，只是浪費時間，應該立即中斷應對

應對客訴的經驗多了之後，偶爾會遇到一些不斷抱怨同樣事情的顧客，或是講一些跟自己的業務沒有關係的事。

舉例來說，老一輩的顧客最常出現的一種情況，就是不斷重提以前不愉快的客訴經驗。就像在醫院裡，很多老人家可能是想找人聊天，會一直跟你說以前自己遇到的客訴經驗，例如：「那個護理師態度很兇，讓人很討厭。」

尤其當顧客覺得你能瞭解他時，就會不停地只向你抱怨同樣的事情。這樣的人其實還不少。

遇到這種情況時，簡單來說，最好的方法就是立即中斷應對。

應對客訴很重要的一點是，對於要應對到什麼地步，自己心裡要有一個明確的底線。

當今的社會依舊相當盛行「顧客至上主義」，就連我也不斷在這本書裡提醒大家，應對客訴時必須「當個理解顧客的人」。

不過，我也要聲明在先的一點是，大家心裡一定要有個判斷的標準，知道自己該應對到什麼地步。

假使遇到患者不停抱怨過去的客訴經驗，你可以這麼說：「就是您之前提過的那件事，我瞭解您的心情。」先展現同理心，接著告訴對方：「剛剛有個患者需要緊急協助，我得先過去幫忙了，抱歉！」然後離開現場就好。

有一位國中校長，好幾次接到同一位家長的投訴：「我家孩子班上的導師，就讀的大學比我先生的還差，那種程度也能當老師教孩子嗎？」

這位校長態度堅定地回應家長：「您的意思我明白了。不過，大學的學校程度不是用來衡量一個人能力的標準，您這麼說實在有失禮貌。」

對於自認為說什麼都會被接受的人，你遇到該出聲反駁的時候，一定要嚴正反駁，這一點非常重要，請大家務必參考。

客訴心理學

不斷拿同一件事情向你抱怨的人，其實是因為他覺得你才是那個能理解他的人。

具體行動

如果對方不停抱怨同一件事，就以堅定的態度直接中斷應對吧。

請對方多給幾個日期，就能避免為不方便前往而道歉的風險

當你接到客訴，調查完事實情況後，準備跟對方約定時間去拜訪，以便告知調查結果，這時，有一些必須注意的重點。

事實上，在應對客訴時，很常見的一種跟對方約時間的作法，反而會讓對方更生氣。

應對者打電話聯絡顧客說：「不知道是不是方便跟您約個時間去拜訪，針對前幾天您提到的那件事，向您說明我們的調查結果？」假設顧客說：「好吧，那就請你明天早上過來。」

這種配合顧客方便的時間去拜訪的作法，乍看之下沒什麼問題，實際上是相當

危險的應對方式。

顧客方便的時間是「明天早上」，但有時候會出現的情況是，你完全沒辦法配合這個時間。

這時候，如果你跟顧客說：「很不巧地，明天早上我剛好有事……」不難想像你一定會被罵：「你說什麼？是你們說要來拜訪的，現在又說來不了！」

要說有沒有什麼方法可以委婉地表達自己無法配合明天早上的時間，老實說，還真的沒有恰當的說法。

那麼，類似這種情況，到底該怎麼跟顧客約定時間呢？其實，有個很好的問法，可以讓主導權掌控在己方手上。

「關於調查結果，我想先請教您，有哪兩、三天比較方便讓我們過去拜訪，向您說明。不曉得您哪幾天比較方便？」

請對方多給幾天方便的日期，好讓自己能從中挑選適合的時間去拜訪，以這種

方式來跟對方約定時間。

我一再重申，應對客訴時，主導權必須掌控在應對者手上，即便是這種情況也不例外，一定要多加留意。

至於最後挑選的日期，必須選擇一個所有前去拜訪的人都能配合的時間，包括應對客訴的直接負責人、負責調查的人，以及到時候能確實回答顧客問題的人等。這時候已經不能容許任何失敗，因此，務必要讓最適合的人選能夠出席。

客訴心理學

約定拜訪的時間時，倘若應對方無法配合顧客的時間，會讓顧客覺得自己沒有被優先對待，留下不好的感覺。

具體行動

請顧客多給幾天的候補日期，好提高自己能配合的機率。

065 若是對方讓你感到害怕，直接說「您讓人害怕」也沒關係

我在針對客服部門的員工進行客訴應對研習講座時，經常會被問到的問題之一是：「如果遇到大聲咆哮的顧客，該怎麼應對比較好？」

前文介紹了很多第一時間的成功應對技巧，只不過，有時候也會發生你在做出第一時間的應對之前，已經害怕到說不出話來的情況。面對大聲咆哮的人，不論是男生或女生，每個人多少都會感到恐懼。

那麼，這時候到底該怎麼辦呢？最好的方法，就是直接告訴對方：「**您現在的**

說話方式讓人感到害怕。」

在應對客訴的場合中，應對者如果感到恐懼、無法思考，可以不必做出應對。因此，請記得，面對大聲咆哮、讓人害怕的客訴者，有個緊急迴避的方法是，不需要任何應對技巧，直接告訴對方「您讓人害怕」就行了。

更清楚的說法是：「您現在的說話方式讓人感到害怕，我不知道該說什麼來回應您，所以接下來我會請主管來跟您說。」說完後就可以當場離開，或是請對方留下聯絡方式。

事實上，「害怕」這個說法，除了是更換主管或負責人出面應對時，最適合用的說法以外，還有另一個應該使用的理由，就是：**聽到「害怕」這個說法，內心最容易產生動搖的人，其實是大聲咆哮的顧客。**

大聲咆哮的顧客最大的特徵，就是覺得自己是被害者，因此情緒異常激動。

但是，這類型的顧客一旦發現電話那一頭的應對者感到害怕，就會知道自己的大聲咆哮嚇到對方，就會想辦法保持平靜，告訴自己「我不是這種人」，等到慢慢冷靜下來之後，有人甚至還會反省地說：「我剛才說得太過分了，接下來我會好好控制情緒，慢慢地說。」

學會這個方法之後，以後就算你沒有感到害怕，也可以用這個方法來讓顧客恢復冷靜。

客訴心理學

顧客一旦發現自己嚇到應對者，大多會反省自己的態度，想辦法冷靜下來。

具體行動

應對客訴時，不需要被顧客嚇到無法思考的地步，要是遇到讓人害怕的情況，不妨直接向對方坦白：「您讓人感到害怕」，改由主管或其他負責人來應對。

面對爆粗口的客訴者，要態度堅定地中止應對

應對客訴時，難免會遇到客訴者不停爆粗口，對著應對者做出人身攻擊或是說出傷害性言語，例如：「你是白癡嗎？」「你是笨蛋嗎？」「你是瞧不起我嗎？」（這些都是過去我曾被罵過的說法（淚）。

我通常會把這種顧客歸類為「惡劣顧客」。

關於惡劣顧客的定義，其實有分很多類型，最常見的是把客訴當成發洩壓力的管道。也就是說，這類型的人純粹只是喜歡投訴，完全沒有什麼「希望被理解」、「希望問題獲得解決」之類的理由。為了抒發平日的壓力，他們會鎖定目標進行投訴，

也就是所謂的「**爆粗口、發洩壓力型的惡劣顧客**」。

這類型的人，就算你跟他說「你現在的說話方式讓人害怕」，他也不會停止對應對者的人身攻擊。

甚至是，他看到應對者感到害怕，反而更開心，會繼續用更低級的說詞來攻擊應對者。

應對這種惡劣顧客的方法，當然就是不必把他當顧客看待。不需要跟對方建立任何關係，態度堅定地直接中止應對就行了。

・面對「爆粗口、發洩壓力型」惡劣顧客的應對方法

惡劣顧客：連這種事都不知道，你是白癡嗎？乾脆辭掉工作好了！……（繼續不斷爆粗口）

應對者：（用堅定的態度打斷對方的話）不好意思，從您說的話當中，我已經

瞭解您憤怒的原因了。不過，很抱歉的是，您從剛才就一直對我個人做出人身攻擊，如果您打算繼續這麼做的話，我也只能回應到此，請您離開吧。

你就用這種部分接受而不是完全拒絕對方的方式來回應，並中止應對。

客訴心理學

那種爆粗口、發洩壓力型的惡劣顧客，其目的不在於希望被理解，只是單純想要客訴。

具體行動

面對惡質的客訴者，只要把他當成惡劣顧客，直接中止回應就好了。

067 惡劣顧客的定義與應對技巧 2

如果對方提出無理的要求，就表達自己「要報警了」

曾經有個男性上班族跑到女性內衣用品店，拿出「穿過的內衣」想要退貨，並且要求退費（笑）。

雖然他有收據，可是店員發現對方是在一個月前購買商品，她委婉地拒絕對方，沒想到顧客突然情緒變得很激動。

顧客表示，這個商品是他買來送給太太的禮物，他也不清楚太太有沒有穿過（？），「總之就是太太不喜歡，所以要退貨並要求退費！」這種誇張的無理要求，不禁讓人對他的常識感到懷疑。

雖然當場你可能很想問這位顧客：「您身為一個成年人，提出這種要求，難道不會不好意思嗎？」（笑）不過，你在這種時候到底該怎麼回應才對呢？

通常，對於這種沒有常識的要求，你什麼都不用考慮，可以堅定地拒絕。

尤其是在自己沒有錯的情況下，顧客卻提出金錢要求。你可以把這種人歸類為**「沒有常識、不合理要求型的惡劣顧客」**，盡量避免做出不必要的應對。

・面對「沒有常識、不合理要求型」惡劣顧客的應對方法

惡劣顧客：我不喜歡這個東西，我要求退貨和退錢！否則我就再也不來你們店裡買東西了！

應對者：我瞭解您的意思了。不過，針對您剛才說的內容，我想我們其實沒有任何疏失，所以很抱歉沒辦法讓您退貨和退費。

請用這種明確的方式告知對方。假設對方聽完之後突然轉移焦點：「為什麼不

能退？而且你那是什麼說話態度？我可是客人欸！」一副打算賴著不走的樣子。這時候，你不妨透過第二階段的說法來中斷應對：「我們的意思剛剛已經說得很清楚了，如果您不打算離開的話，我們就要報警了。」

客訴心理學

這種沒有常識、不合理要求型的惡劣顧客，通常都認為不講理的人就是贏家，所以不必對這種人做太多應對。

具體行動

面對沒有常識、不合理要求型的惡劣顧客，只要善用兩段式作法來應對就行了，也就是拒絕他的要求，有需要就報警。

068 報警的作用

立即報警，是保護員工的必要作法

當你遇到不停爆粗口，或是要求退費不成就打算賴著不走的惡劣顧客，請不要猶豫，當下立刻報警。

不少負責人會認為，事情一開始是因為自己有錯，所以會猶豫到底要不要報警，或者是想避免給警察添麻煩。

可是，**面對惡質客訴，要做的不是應對，而是從公司的危機管理角度來思考，**將惡質客訴視為妨礙業務的行為。

再說，公司平時就應該要建立一套機制，在緊急時刻第一時間立即報警，以保護員工為優先考量。

某個邀請我去舉辦客訴應對研習講座的市政府機關，以前曾經發生過市民連續好幾天跑來對窗口人員做出爆粗口等威嚇行為，員工為了不想把事情鬧大，只好自己想辦法應對，最後導致好幾位員工都出現創傷後壓力症候群（PTSD）的症狀。

老實說，若是要教有創傷後壓力症候群的人應對客訴，他們在心理方面應該無法承受，所以當時我請他們找時間去尋求心理方面的專業治療。

你不用擔心這種情況到底能不能報警，就當作是為了保護一起工作的夥伴，最好還是找警察來瞭解一下狀況。而且，建議你平時就要先到轄區派出所請教員警，萬一遇到惡劣顧客時的應對方法。

有了警察的建議之後，例如「萬一有〇〇〇情況，就要立刻報警」，那麼，當你真的遇到狀況時，心情上也會比較放鬆，不會再為了該不該報警而猶豫不決。

以下是我個人的經驗談，我還記得以前在客服部門任職的時候，曾經遇到一位顧客，連續好幾天都打電話來，又是爆粗口，又是無理要求，讓我們相當困擾。後來，我們向最近的派出所尋求建議，櫃檯的員警聽完描述後說：「喔！就是那個叫做○○○的男子，對吧！原來他也跑去你們那邊投訴了。他啊，老是四處找店家投訴，下次如果他再打電話給你們，你就報我的名字，他就不會再吵你們了。」聽得我整個人都傻住了。

客訴心理學

事先詢問警察的建議，那麼當你真的遇到狀況時，心情上也會比較放鬆，不會再猶豫要不要報警。

具體行動

為了保護員工的心理及身體上的安全，遇到惡劣顧客時，第一時間就要立刻報警。

心裡有抱怨的人，最容易被惡劣顧客纏上

那些會為惡質客訴煩惱的人，特徵是大多由自己一個人面對問題。

那種一遇到問題只想著要自己解決的人，通常都不會向主管或是身邊的同事尋求協助。

尤其是愈優秀的業務員，遇到自己的疏失所造成的客訴，為了不影響自己在公司裡的評價，通常都不會把問題呈報給主管知道，也無法做出準確的判斷，導致遲遲無法做出應對，只是在白白浪費時間。

一旦情況演變成這樣，只會被惡劣顧客以「沒有誠意解決問題」、「漠視顧客」

等其他藉口進一步糾纏，甚至提出「你現在要怎麼負責！」「我不會就這樣算了！」等幾近脅迫的投訴。

有時候，對方還會提出不合理的要求，以慰問金為名目，索討金錢上的賠償。應對者被逼到不知所措，為了求趕緊讓事情落幕，於是在沒有讓公司知道的狀況下，自掏腰包去滿足惡劣顧客的金錢要求。這種錯誤的行為，到最後會害得自己陷入最糟糕的情況，甚至影響到自己在公司的評價。這些都是實際發生過的狀況。

應對客訴不是一個人的事情。對自己負責的工作有責任感固然重要，但是遇到狀況或客訴，應該要盡早讓公司知道。因為工作不是你一個人的事。

請學著開口說出「請幫我」，並且鼓起勇氣在第一時間把情況報告給主管知道，例如：「因為我的疏失，導致顧客很生氣。」如此一來，公司才能想辦法趕走惡劣顧客。

面對客訴時，千萬不能忍著不說，或是不斷忍受對方。雖然我說過，貼近顧客的心情很重要，不過在這之前，請先重視充實自己的內心。如果覺得光憑自己無法解決，就向身邊的人尋求協助，也學著展現自己的弱點吧。

客訴心理學

惡劣顧客就是看準你「不想讓客訴影響到自己在公司的評價」的心態，才會纏上你。

具體行動

別想著要自己一個人應對客訴，鼓起勇氣開口說「請幫我」，跟身邊的人一起面對問題。

070

以提升服務品質之用為說法，更容易讓顧客同意錄音

許多企業網站上的客服電話，都會加註一小段說明：「為了確保正確理解內容，您的通話將會被全程錄音。」

加註這段文字的用意，就如同表面意思，企業會以正確無誤的判斷，誠心接受顧客的意見，以提升今後電話應對的服務品質。

至於錄音的目的，我想很大的一部分還是想藉由提醒顧客「電話會被錄音」，防止爆粗口等惡質客訴行為的發生。

但是，對於來電詢問的顧客而言，不少人會覺得「被錄音」就好像自己被當成惡劣顧客看待，感覺不是很舒服。

我有個客戶的客服中心，經常在接獲顧客來電時，聽到他們一開口就問：「你們憑什麼擅自錄音！」雙方都還沒進入投訴內容的主題，就已經先針對這件事爭論不休。

其中甚至有顧客主張：「你們這樣是竊聽！」「這樣是侵犯我的隱私！」

事實上，這種作法並沒有任何法律上的問題，因為錄音的目的相當明確，純粹是企業為了正確瞭解內容才錄音，而且內容並不會公開。

既然如此，該怎麼讓顧客理解這一點呢？你可以這麼回應顧客：「電話錄音是為了將您的寶貴意見，傳達給主管及公司內部，不知道這樣您是否能夠理解？」或者是：「我們會透過電話錄音，將您的建議用來提升和改善商品品質，不知道這樣您是否能夠理解？」

重點在於以「**傳達給公司內部知道**」、「**提升服務品質**」、「**改善商品**」為名目告知顧客，以獲得顧客的同意。除了單方面告知之外，還要詢問顧客是否同意，以達到對話溝通的目的。

客訴心理學

顧客不想要對話被錄音，是因為這麼做會讓他覺得自己被當成惡劣顧客。

具體行動

客訴電話的通話錄音，雖然沒有法律上的問題，但為了展現體貼，最好還是先取得顧客的同意。

071

其他顧客在場時要注意的重點

為了避免對方賴著不走，別將客訴者帶到其他房間

當店裡有其他顧客在，或是週末顧客多到忙不過來的時候，通常愈會發生客訴。遇到客訴者在店裡大聲咆哮、抱怨，這時候自己應該對在場的其他顧客做些什麼嗎？

關於這一點，請專心應對客訴的情況，不要在意其他現場顧客的眼光。

常見的一種情況是，當有人在銀行或醫院大聲咆哮、抱怨時，應對者會告訴對方：「在這裡會影響到其他客人，我們到旁邊的房間說。」然後將人帶到其他房間。

這一幕對在場的其他人來說，都會覺得銀行或醫院**是不是想要隱瞞什麼事情**。

應對者也許只是想透過帶離現場，讓顧客冷靜下來。但這麼做之後，最常發生的結果，就是顧客以為自己客訴成功，於是就賴著不走，直到你願意答應他的要求為止。對於應對者來說也是，由於你已經把對方帶到其他房間，這麼一來，溝通時間一定會拉長，沒辦法輕易打發對方。也就是說，這種作法只會帶來反效果。

如果遇到有其他顧客在場的情況，你就直接在其他人的注目下，大方地當場做出應對。

讓其他顧客看見你誠實接受顧客投訴的態度。

對於那些會針對第一線員工確實進行應對客訴相關教育訓練的店家來說，應對客訴的場合，是讓顧客愛上店家的最好機會，甚至可以藉由展現店家的應對方式和態度，讓其他在場的顧客成為口耳相傳的媒介，到處跟別人說：「雖然那家店被客訴過，可是店員的應對方式做得非常好！」

實際上，在社群媒體和部落格上，就有很多這種對店家的正面評價，例如：「那家店處理客訴的方式非常值得讚許！實際看過店家的應對方式之後，連我都成為店家的粉絲了！」

只有對應對客訴沒有信心的組織，因為不想讓其他顧客看見自己不會應對客訴，才會試圖隱瞞。

客訴心理學

把投訴的顧客帶到其他房間談，會讓在場的其他顧客覺得「應該是有什麼不想讓大家知道的事情」。

具體行動

告訴自己，被顧客投訴一點都不丟臉；沒辦法當眾應對客訴，才丟臉。所以，大方當著大家的面做出應對！這也是對其他顧客的一種自我宣傳。

如果是自己犯下的疏失，後續的應對最好也要陪同出面

很遺憾的是，在應對客訴時，經常因為第一時間的應對失敗，導致顧客失去信心，要求換上頭的人來出面回應。這種時候，你就得拜託前輩或上司來代替出面。

如果是面對面的場合，當主管出面之後，自己應該要迴避嗎？還是要留在現場呢？

答案是，**如果客訴的內容是自己負責的工作，或者是因為自己的疏失造成的，請留在現場觀看主管和顧客之間的應對。**

這麼做不僅可以學習主管的應對方法，更重要的是確認顧客的說詞。

事實上，有一種情況是，換了應對者之後，顧客會刻意誇大問題的嚴重性。

有某家網站設計公司就曾發生過一則實際案例，由於網頁製作的報價單金額，比當初說的高出太多，引發顧客的投訴和抱怨。其實，負責的業務員當初已經告知對方：「金額會隨著您要求的設計項目增加。」可是顧客對此的說法是：「我怎麼知道會增加這麼多！」

以這個案例來說，一般都會覺得是顧客的想法太天真，不過，後來顧客對主管的說法是：「我完全沒有被告知『金額會隨著設計項目增加』這件事。」由於當時只有顧客和主管兩人在場，因此主管誤信了對方的說詞，承諾會負責處理多餘金額的問題。

另一種情況是，客訴的內容不是自己的疏失造成，你只是恰巧出面應對，結果應對得不好，惹得顧客更生氣，要求換上頭的人來出面回應。如果是這種情況，自己不必留在現場也沒關係，因為很多時候，在換人出面應對之後，顧客的情緒也會漸漸冷靜下來。只不過，你在事後一定要記得跟主管討論，針對自己第一時間的應對失敗找出原因，避免日後再犯同樣的錯誤。

客訴心理學

有些顧客看到應對者換人，就會順勢改變說詞，刻意誇大問題的嚴重性。

具體行動

如果拜託主管代為出面回應，別忘了自己也要從中學習經驗，避免相同的情況再度發生。

如果不理會這種威脅，對方真的會上網留負面評論

有些顧客會說出「我要上網給你們留負面評論」這種看似威脅的話。不過，這種並不算是惡質的客訴行為。

你可以把它當成是，顧客對你在第一時間應對失敗所發出的警告。

他並不是真心想上網留負面評論，而是自己抱著期待提出客訴，希望你能理解他的困擾，可是，你的應對卻讓他覺得是在找藉口、想要趕快打發他，所以他才會說出這種「讓你不得不繼續聽他說話的說詞」。

這種時候，如果你沒有察覺這句話的用意，只用一句「對於您要怎麼做，我們

沒有立場說什麼」來回應之後就不理他，這段顧客關係將會就此決裂。對方不但會上網留下負面評論，也會跟身邊的人說你們公司的客訴應對做得有多糟糕，負面評論恐怕會愈傳愈開。

要是企業對非惡質客訴行為的顧客，做出不理會的應對，肯定會遭受大眾撻伐。只要在社群媒體上搜尋「#claim」，就會看到企業甚至連應對員工的名字全都被放到網路上，遭受惡評。雖然是匿名寫下的內容，還是有很多人會相信，甚至抱著看好戲的心態四處轉貼。一旦負面評論在網路上四處流傳，想要全部刪除是不可能的。

假使你遇到顧客說要「上網留負面評論」，最好的應對方法，就是展現理解和同理心的態度，也就是讓對方知道，你已經明白他說這句話的用意，並為此深深感到後悔。

例如，你可以這麼說：「我瞭解您現在有多麼憤怒。」「讓您說出這種話，是我們不對，我們會深刻反省。」也就是針對「顧客想要這麼做的心情」及「說這句話的心情」，表達理解的態度。

這麼做會給顧客不一樣的感受，讓他覺得自己被瞭解了，以達到彌補第一時間應對失敗的目的。

客訴心理學

那種會說「我要上網留負面評論」的顧客，並不是真心想要這麼做，而是不滿意你的應對。

具體行動

以同理心去理解顧客的心情，並針對自己在第一時間應對失敗，展現反省的態度，藉此贏回顧客的信賴。

對年長顧客展現「尊敬」和「感謝」，他們會成為最支持你的人

各位知道嗎？**最常客訴的族群，就是老年人。**

理由非常多，其中之一是，現在已逐漸進入高齡化社會，老年人口本來就特別多；再加上退休後有很多時間，而且一般認為老人家的個性也比較固執，喜歡把自己的價值觀強加於他人身上。根據我實際經歷過的老年世代的客訴應對經驗，我完全贊同這些論點。

在平日前往溫泉勝地，隨處可見有錢有閒的老人家，相對地，溫泉旅館也會經常收到「不會跟客人打招呼」、「幫客人拿行李、介紹館內設施是應該的，為什麼沒

有這些服務」之類的客訴。因為長輩通常會以自己過去體驗過的高級服務為標準，來抱怨別人做得不夠好的地方。

我相信，有某些企業和店家會覺得年長顧客很煩、很囉嗦，不過，我反而認為

老年世代是非常具有影響力的顧客。

這些老年世代除了有錢有閒以外，同時也是擁有豐富人脈及各種權力的世代。過去我任職於客服部門時，最煩人的，甚至每次都指名找我投訴的顧客，也是以六十多歲的老人家占多數。老實說，那時候的我偶爾也會想：「每次都要抱怨這些，不會乾脆去買別家公司的商品算了。」可是，他們的抱怨大多都非常有道理，經常指出我們在工作上的怠惰，全是一些逆耳的忠言。

因此，後來我將這些意見視為人生的大前輩給予的建議，對他們展現尊敬和感謝，真心地對他們的意見做出應對。結果，我因此獲得非常多的寶貴大禮。

也就是，在應對結束之後，這些老人家在我們公司買商品的次數和金額瞬間大

增，甚至還為我們介紹了許多新顧客。

事實上，我以客訴應對專家的身分獨立門戶創業的第一年，為我介紹客訴應對研習講座活動和諮詢工作的人，正是當初指名要找我投訴的那群六十多歲的老人家，而且直到現在，他們還是會繼續為我介紹工作。

客訴心理學

老年世代之所以愛客訴，是因為他們對於工作和生活擁有相當豐富的經驗，也有很多能幫助你提升服務的觀點。

具體行動

面對嚴苛的年長顧客，要以真誠的態度應對，讓對方從客訴者變成支持者。

全是己方的錯的情況

075

若是為了保全自己而延遲應對，會讓問題變得更嚴重

在確認客訴內容的真實情況之後，有時候完全是己方的疏失所造成，結果給顧客帶來極大的困擾。不管你工作再怎麼謹慎、認真，還是會犯下這種可能失去顧客信賴的非故意重大疏失。

遇到這種情況時，最要注意的一點，就是**承認所有疏失並全面道歉，趕緊做出應對**。

你絕對不能因為害怕主管生氣，影響到自己在公司的評價，於是自己想辦法解決，或者是試圖對顧客隱瞞事實。

你應該盡快將情況告知主管，親自拜訪顧客並道歉，例如：「是我們犯下了嚴重的疏失，這一點我們毫無辯解的餘地。」

這一連串的應對速度，會大大地影響到你們在顧客心裡的印象。

如果是必須即刻解決的問題，你一定要向顧客提出最好的彌補對策，並且取得對方的同意。優先考量應該是，在顧客的協助之下，將你的疏失所帶來的損害及問題控制到最小。

等到問題終於解決之後，接下來的應對才是最重要的關鍵。

這時候，你必須重新拜訪顧客，針對這次的事件誠心地表達歉意，並且針對兩點為顧客說明。

一是「**為什麼會發生這種事**」。如果不將這一點解釋清楚，會讓顧客擔心相同的狀況可能再度發生，所以必須釐清究竟是個人造成的，或是公司整體的問題。

接著，第二點是「**公司會如何改善，以避免相同事件再度發生**」。只在口頭上承諾「我們會努力避免再度發生相同事件」是不夠的，必須以書面說明你會針對工作方式進行哪些具體的改進。

先誠心地道歉，然後針對以上兩點為顧客說明。一旦你這麼做，相信顧客會願意再給你一次機會。

客訴心理學

當應對者必須承擔所有的過錯時，很容易就會因為擔心影響到自己在公司的評價，於是對向上呈報感到猶豫不決。

具體行動

向顧客承諾自己會改善工作，並寫下具體方法，以避免再犯同樣的疏失。

076 在應對的最後，試著以正向問句為結尾

過去，有不少企業在替顧客解決客訴問題後，準備結束應對時，最常使用的說詞之一，就是問顧客：「其他還有什麼不滿意或造成您困擾的問題嗎？」

雖然我以前任職於客服部門時，也曾經說過這種話，但這麼說，只會讓應對客訴的時間愈拖愈長。應對者也許是禮貌性地問一下，但這麼一問，會讓顧客開始拚命回想自己還有哪些不滿意的地方，最後又從過去的不滿開始從頭抱怨。

如果客訴應對一切順利，也保住了今後的顧客關係，此時若要詢問顧客是否還有其他問題，可以用以下的方式來提問：

「這一次給您造成這麼大的困擾，實在非常抱歉。除此之外，關於其他地方，不知道您還滿意嗎？」

我之所以推薦這種問法，是因為在你這麼說之後，顧客的思緒只會聚焦在雙方交易過程中，自己覺得滿意的部分。也就是說，**透過這個提問，顧客只會往好的地方去想。**

我有個客戶是室內設計裝潢公司的老闆，有一次因為材料缺貨，導致工程進度延誤，讓屋主十分生氣。後來，公司針對進度落後向屋主道歉，也提出縮短工程的辦法，才終於取得屋主的諒解，讓事情圓滿落幕。

在應對的最後，業務負責人問了上述的問句。屋主想了想，這麼回答他：

「其實現場的工作人員，每個人都很客氣，也很認真在做事。天氣這麼熱，真是辛苦大家了，這一點我實在非常感謝。」屋主除了讚許現場的工作狀況之外，最後甚至還客氣地說：「工程延誤也是沒辦法的事，你們還是要小心一點，不要為了急著趕工而受傷了。」

客訴心理學

顧客一聽到正向問句，就會反射性地只往好的方面去想。

具體行動

為了讓應對有正面的結局，記得要詢問能得到顧客讚許的問題。

077 練習用開心的心情分享應對經驗，應對客訴就會變成一件開心的事

有些客訴應對者會跟身邊的人抱怨自己接到的客訴。老實說，我建議大家最好別這麼做。

在我的客戶當中，有些公司會對客服部門的員工說：「你們接到客訴之後，可以盡情地跟同事大吐苦水沒關係，別讓壓力無處發洩。」

我十分反對這種作法，因為說投訴者的壞話，只會給自己帶來更大的壓力，變得更討厭投訴的顧客。

再說，聽你說壞話的同事，心情也會變糟，當然也會討厭你口中的那位顧客。

客訴應對做得不好的組織，以及那些因為應對得不好，導致更多客訴發生的組織，這兩者的共通點之一，就是員工私底下都會說顧客的壞話。為什麼要一臉不情願地面對顧客，而不是想辦法讓顧客轉怒為笑呢？顧客就是感受到你不情願的態度，才會抱怨，想要把心裡的不滿說出來。

避免讓客訴影響到自己心情的方法，當然就是改變對客訴的心態。跟同事抱怨，根本是無濟於事。

我自己的經驗是，先改變想法，告訴自己：「顧客有千百種，正好是我拓展價值觀和眼界的大好機會。」當我這麼改變想法之後，應對客訴時的心情就變得十分輕鬆，不再有壓力。

除此之外，我在客服部門的時候，偶爾會跟工作以外的人聚餐聊天，每當我開心跟大家分享自己在工作上遇到的人：「我遇過有個投訴者，他……」大家都會聽得很開心，甚至還會一直要我再多說一點！

我在富士電視臺的《真的假的!?ＴＶ》節目中，以企業客訴評論家的身分擔任來賓。每次在節目會議上聊起過去應對客訴的經驗，都會讓導播笑得趴倒在地，直說：「把這個內容放到節目上說，明石家秋刀魚先生一定會接著吐槽！」果真，每次錄影時，主持人明石家秋刀魚先生都有辦法把我的經驗變得更有趣。

我想，只有把應對客訴當成別人沒有的經驗，用幽默的方式來分享的人，才不會因為面對客訴而心情沮喪。

客訴心理學

說顧客的壞話，會讓心情更糟，讓你更討厭對方。

具體行動

如果你不希望讓客訴影響心情，就練習把應對經驗當成趣事來看待。

第5章

擅長應對客訴之組織的共同特點

078

讓顧客願意說出不滿，集中管理改善建議

對組織來說，很重要的一點是，必須隨時提醒自己，有沉默客訴者（請參見59頁）的存在。沉默客訴者雖然不會對企業或店家直接說出不滿，卻會四處跟身邊的親朋好友訴說你們的服務有多麼糟糕。讓這種負面評論四處流傳，對組織一點好處也沒有。

企業和店家大多都認為，沒有客訴就能放心了。其實，這不是一件好事，因為顧客不直接說出不滿，企業和店家就無法得知自己哪裡做得不好。

首先，在什麼情況下會出現沉默客訴者呢？最主要的原因是，店家的服務太糟糕，糟到讓顧客覺得不值得投訴。

最典型的情況有，餐廳員工的服務太隨便，或者是清潔工作做得不夠確實，讓顧客看了直搖頭，心想：「算了，反正自己不會再來消費了。」於是選擇什麼都不說，默默地帶著不滿離開，然後四處跟身邊的親朋好友說店家的不是。

當沉默客訴者愈來愈多，店家的客人就會愈來愈少，到最後甚至會面臨倒閉破產的情況。

面對工作，無論如何你都要想辦法別讓顧客變成沉默客訴者。

提升服務品質、落實清潔，這些都是基本該做到的事情，除此之外，要營造出一個讓顧客願意說出不滿的氛圍。這就是大型企業設置客服中心的理由。如果是中小企業和個人店家，可以善用問卷來收集顧客的意見。

或者，最近很多店家會在推特和臉書等社群媒體上公開詢問：「大家覺得我們應該提升哪方面的服務品質呢？歡迎透過電子郵件表達你的意見和期望！」利用這種方法積極地收集顧客的意見。

我認為，**只有這種會主動收集顧客意見、努力讓客訴不發生的企業和店家，才有辦法獲得顧客的長期支持**。也就是說，那些長期受到顧客愛戴的企業和店家，共同的特徵就是永遠只會把焦點擺在顧客身上。他們都是將顧客對己方的需求，當成發現己方問題點的重要關鍵來看待。

客訴心理學

顧客會因為店家的服務太糟糕，因而放棄投訴，直接離開，到處散布負面評論。

具體行動

積極收集顧客的不滿意見，做為瞭解顧客需求的依據。

刪留言是引發網友圍剿的主因

企業和店家最害怕的情況之一，就是在網路上被人留下負面評論。我在客訴應對的相關演講上，也常會被問到關於網路應對的方法。

萬一真的在網路上被留下負面評論，這時候該怎麼應對呢？

首先，負面評論是留在自家公司的社群媒體上，還是網友自己的帳號網頁上，應對方式會不一樣。有些公司為了防止負面評論擴散，會將自家社群媒體上的負面留言刪除，或是請留下負面評論的網友自行刪除。**我認為，這樣的作法反而會帶來反效果，成為後續被網友圍剿的原因。**

遇到被留負面評論的情況時，最重要的應該是誠心接受對方所寫的內容。你必須告訴自己，每一則評論的背後，都有許多擁有同樣想法的顧客。

我的客戶就實際遇過這樣的例子，有人在他們公司的社群媒體上留下「店員的態度真是糟透了！我再也不會去消費！」的評語。

面對這樣的負面評論，該公司並沒有刪除留言，而是直接在留言下方這麼回覆：「很抱歉我們的服務讓您感到不滿意，從您的留言當中，可以看出我們給您帶來相當不好的感受，這一點我們會深刻反省。您的意見提醒了我們，也許還有其他顧客有著跟您相同的感受，所以我們一定會努力想辦法改進。非常感謝您的寶貴意見。」後來，留下負面評論的當事人也做出了回應：「謝謝你們的理解！很高興你們願意接受我的意見，我會繼續支持你們的，謝謝！」文中的語氣讓人不敢相信他跟當初留下負面評論的是同一人。

想當然耳，看到這段對話的其他網友，一定也會對該公司留下非常好的印象。

這段實際發生在推特上的對話，後來也一再被轉貼，成為正面口碑而不斷流傳。不刪留言，不做反駁，不置之不理，而是透過展現誠心接受的態度，使顧客轉怒為笑，甚至為自己帶來好口碑。

請你用這種自我提醒的方式，去面對網路上的負面評論。

客訴心理學

一旦在網路上出現負面評論，大多意味著還有許多擁有相同感受卻沒有說出口的顧客。

具體行動

面對網路上的評論，你必須跟應對客訴時一樣誠心接受，對顧客的心情展現理解的態度。

080

社群媒體上「#claim」標籤的貼文，提示了自己應該做好哪些地方

「我們公司沒有經營社群媒體，不會有被網友圍剿的問題。」這是我的一位身為運輸公司老闆的客戶，對我說過的話。真的是這樣嗎？就算自己的公司沒有經營社群媒體，但公司客戶都有上社群媒體的習慣，你還能這麼說嗎？

現今的時代，消費者在買東西之前，比起企業本身的網站，大家都會先上社群媒體搜尋其他人的評論。透過手機，不但可以從朋友的媒體網站貼文發現新的店家，也能從追蹤的推特影片中得知某樣新商品。儘管如此，現在還是有某些企業對社群媒體毫不在意。在現今這個時代，如果對於自家公司在社群媒體上的評價一無

所知，根本沒辦法做生意。

在社群媒體上以「#claim」進行搜尋，會發現相關貼文多到不可計數。其中有許多貼文不但公開了企業或店家的名稱，還有店家和瑕疵商品的照片，而且還把店家罵得很慘。比較惡劣的，還看過在「店家的服務態度很冷淡，只會打官腔」之類的抱怨以外，甚至連店長的名字都一併揭露，要求大家「不要再去這家店消費　#希望此風潮擴散」。

對於社群媒體這種東西，如果你覺得那跟自己無關，採取一副漠不關心的態度，很可能關於你的負面評論已經在你不知不覺中四處流傳了。

為了讓前述的運輸公司老闆明白這個道理，我把社群媒體上以「#claim」加上他們公司的名稱搜尋之後，所得到的結果拿給他看，一共有兩則貼文，內容分別是：「〇〇貨運的司機開車超可怕，非常糟糕！」「〇〇貨運的貨車老是擅自停在我家的私人土地上，而且還會亂丟煙蒂！」讓那位老闆看得臉色鐵青。

對於現今這樣的客訴社會，你不需要感到擔憂，而是應該接受這樣的現實，因為這就是每天都在發生的事情。

假設上網搜尋不到自家公司的負面評論，你也不要就此覺得放心，應該**把其他店家的負面評論當作反面教材**，警惕自己要隨時繃緊神經地面對工作，別讓自己成為這類負面評論的對象。

客訴心理學

對於顧客的抱怨在社群媒體上四處轉貼流傳的現象，那些感到擔憂的人大多都是覺得這種現象跟自己無關。

具體行動

搜尋自家公司在社群媒體上的風評，當作工作上自我檢視的依據。

081

針對常見的客訴問題，事先做好分類和掌握

那種客訴應對不當，因而失去顧客信賴的企業和店家，通常都沒有「客訴應對是組織整體的事情」的認知，內部也沒有能夠傳授正確應對方法的前輩和主管。這類型的企業和店家，在遇到客訴發生時，很多都是靠臨機應變，沒有一套完整的指南和作法，導致人人一聽到客訴就嚇得極力閃躲，不敢積極應對，只會互踢皮球。

更遺憾的是，這類型組織的老闆和管理階級，都會要求第一線人員：「給我好好做事，不能有客訴發生！」

這種要求之所以不好，是因為萬一發生客訴，第一線人員就會只想靠自己解

決。在不懂得應對方法的情況下，結果當然會失敗，惹得顧客更火大。很多時候，等到員工向上呈報給老闆和管理階級知道，事情已經演變成網友群起撻伐、情況難以收拾的地步了。

應對客訴時，最重要的是整體組織在這方面所做的準備程度。**面對「客訴」這個課題，千萬不能逃避，一定要正視它。**

首先要做的，就是針對第一線經常遇到的客訴問題，做好分類和掌握。

舉例來說，應該要像下列這樣，把常見的客訴清楚列出來：

1 商品不齊全、設施的清潔問題等，針對整體服務的投訴。
2 接待顧客時的禮貌和用語等，針對人的投訴。
3 缺乏說明和介紹所引起的誤解等，針對服務方式的投訴。

對以前的組織來說，客訴是不容許存在的東西。但是，現在時代已經不一樣了，必須把客訴視為必定會發生的事，重要的是對經常發生的客訴有所掌握，並且事先準備好應對方法。

那種只會逃避客訴的企業，終究會失去顧客的信賴，被市場淘汰。想要積極面對客訴，不妨就先從掌握客訴類型開始做起。

客訴心理學

正因為不知道什麼客訴最常發生，員工遇到客訴時才會害怕得只想逃避。

具體行動

列出常見的客訴問題，意識到這是整體組織要共同面對的事情，別把責任全部推給第一線人員。

針對最常見的三種情況制定守則，就能應對半數以上的客訴

我曾替許多企業和店家制定客訴應對指南，並且從中發現到，只要針對第一線最常發生的前三種客訴狀況制定對策、確實做好演練，九成以上的客訴都有辦法迎刃而解。

對於最常發生的三種客訴，企業和店家當然會很希望能夠事先完全預防，但就是因為辦不到，才會經常發生。

我的客戶之一是某家地方銀行，他們最常發生的前三種客訴情況，分別是：一、抱怨分行的等待時間太久；二、抱怨行員的態度太冷淡，不夠親切；三、對於貸款的說明不夠明確，導致客戶產生迷思或誤解而引發的客訴問題。能夠防患未然當然

很好，但這些問題還是會發生。

列出最常發生的前三種客訴問題之後，還要針對它們制定明確且具體的應對指南，事先準備好臺詞，製作成書面資料，包括第一時間的道歉該怎麼說、哪些附和的說法適合用來展現傾聽者的同理心，以及針對必須聽完顧客的說法，才有辦法提供的解決方案，先設想好大概會是什麼樣的內容、要如何為顧客說明，才能得到對方的接受和同意等。

接下來很重要的是，這份應對指南要擺在最常需要應對的電話旁邊，方便隨時拿取的位置，好讓組織裡的每個人在遇到這三種最常發生的客訴時，都能夠做出相同的應對。除此之外，員工最好平時就要透過角色扮演的方式，不斷練習把這些臺詞說出口，如此一來，在真的遇到大發雷霆的顧客時，才有辦法冷靜應對。

這家地方銀行在制定好應對指南之後，並沒有就此鬆懈，而是在每天早上的晨會中，抽出五分鐘的時間，將行員分成兩人一組，分別扮演客戶和應對者，實際演練客訴發生的情況。大家一致認為，這種角色扮演的最大好處是：扮演客戶的人可以清楚地看出應對者的表情和話語中，是否帶有真心誠意的感覺，這是具有實際幫助的準備方法。

客訴心理學

先設想好解決方案，應對時才會以此為目標來積極應對。

具體行動

不斷練習說指南裡的臺詞，直到習慣為止，好讓自己能夠在實際狀況中自然地脫口而出。

083 賦予第一線人員相關權限，讓客訴應對能即早啟動

在針對最常發生的前三種客訴狀況制定應對指南時，一定會察覺到一件事情，也就是：**如果第一線人員沒有任何權限和決定權，應對起來就會綁手綁腳的。**

在應對客訴時，為顧客提供解決方案的速度，是非常重要的一大關鍵。「我明白您的問題了，針對這個問題，我想先跟主管討論一下。」這種說法實在算不上是好的應對。

很多時候，應對者一再拖延、當場無法告知顧客要怎麼解決問題，只會讓顧客心生不滿。

換言之，針對最常發生的前三種客訴狀況的解決方案，不能等到老闆下決定，或是問過主管之後再回覆顧客，而是第一線人員必須要能當場立即對顧客做出答覆。組織必須要做到「不論是哪個人出面，都能做出相同的應對」的地步，才算是完成了這份應對指南。

只要你站在第一線的立場，就會明白，在沒有任何權限或決定權的情況下應對客訴，心裡只會充滿不安。應對客訴時，如果你一直在思考自己該應對到什麼地步、是不是不該說太多，這種心態反而會使顧客生氣，感覺「你的態度太官方，沒有誠意」。

換成顧客的立場來說，他好不容易才打通電話，想一吐心裡的不滿和期望，沒想到只得到應對者的一句：「關於這個問題，我無法做決定，我會把問題轉達給主管，日後再回覆您。」他當然會相當失望。看到這裡，相信大家一定能瞭解，擁有權限對第一線的應對來說，是多麼重要的一件事。

當第一線人員有了權限之後，就能針對客訴做好預防和準備，甚至是催生出優質的服務。例如，在某家服飾量販店，就算顧客遺失了收據或是商品有使用過的痕跡，只要第一線的銷售員判斷沒有問題，就能接受顧客的退貨。因為該老闆認為：「這樣的服務才是真正無微不至的貼心。」雖然這種退貨服務會造成銷售業績減少的負面影響，不過，在老闆的理念獲得落實之後，最後得到的正面結果是：每個下回再光顧的顧客，平均客單價都增加了許多。

客訴心理學

顧客都希望應對者能幫忙解決問題，所以一聽到「我無法做決定」的回應，難免都會生氣。

具體行動

客訴應對指南的制定，最好要包括賦予第一線人員做決定的權限。

084

應對結束之後，才是送上致歉禮的最佳時間點

在各種客訴應對相關的諮詢中，致歉禮也是經常出現的問題之一。

在物流業和服務業等以個人客戶為對象的行業，一旦客訴發生，很多企業和店家都會親自登門拜訪顧客，並且送上餅乾禮盒當作致歉禮。

特別常見的是食品類的致歉禮，因為食物一吃完就沒了，從以前就有一種說法：送食物的意思，就是希望顧客可以當作事情沒發生過。

不過，**我不贊成這種帶著致歉禮到顧客家賠罪的作法。**根據我自己的經驗和客戶的案例，在客訴問題尚未解決之前，就帶著致歉禮前去拜訪顧客，有時候會讓顧

客認為：「現在你是想用這種東西來打發我，換取原諒嗎？」假如你送上致歉禮，最後問題無法當場解決，必須等你回到公司後再進一步的調查，難道這時候你要先把致歉禮收回來帶走嗎？

所以，即使你送上致歉禮，也只會換來顧客憤怒的一句：「問題根本還沒解決，現在送這個是什麼意思！」

首先應該做的，是確實做好客訴應對，圓滿解決問題，使顧客轉怒為笑。要告訴自己，透過對話建立良好的顧客關係才是重點，而不是藉由送禮來取得對方的原諒。

至於致歉禮，我認為比較好的作法是，在客訴應對全部告一段落之後，擇日親自登門送禮，或者是連同致歉函一起宅配到顧客家。

以前我還滿喜歡挑選致歉禮的，我會上網搜尋並訂購時下最熱門的和菓子或是甜點來品嘗，再從中挑選好吃的品項送給顧客。有好幾次，顧客在收到之後還會打電話來謝謝我，表示東西很好吃。但有一次，我送了十分美味的「吉備糰子」（譯註：岡山縣知名和菓子，同時也是《桃太郎》故事中用來收服狗、猴子和雉雞的食物）給一位大阪的顧客，結果對方又氣又好笑地質問我：「你的意思是要我當你的家僕嗎？」（笑）

客訴心理學

在問題尚未解決之前就送上致歉禮，有時會讓顧客以為你打算藉此換取原諒，反而會變得更生氣。

具體行動

等到客訴應對全部告一段落之後，再送上禮物，當作給對方添麻煩的致歉禮。

085 後續關心的有效作法 2

致歉函的署名者，最好是主管階級的上位者

我通常都會建議客戶，在結束客訴應對之後，「一定要向顧客送上致歉函」做為後續的關心。

不過，很多客戶對這項建議都會表示抗拒，我最常聽到的理由是：「萬一信件的內容被公開在網路上，怎麼辦？」對此，我都會告訴客戶：「既然這樣，只要把信件內容寫得即便被公開在網路上也無所謂，問題不就解決了？」

我認為，應對結束後的致歉函，深深左右著日後跟對方之間的關係。就算客訴問題在現場就獲得解決，也不代表應對就此結束，你必須等到該名顧客再次光顧，

應對才算成功圓滿地劃下句點。

致歉函的重點在於，署名的人不能是最後負責應對的人，應該要由上面的主管或是老闆親自署名。就算內容是由第一線的應對人員來撰寫，在信件的最後，**主管或老闆最好也要親筆寫上幾句話並署名。**如此一來，收到致歉函的顧客才會知道自己的意見已經確實傳達給上面的人，於是能感到放心，也會恢復對你們的信任。這種讓顧客知道致歉函是以誰的身分寄出的表現方法，對於重拾這位客訴顧客的信任來說，是非常重要的關鍵。

只不過，也曾經發生過一個案例是，請社長在致歉函的最後，對於名為古田先生的顧客寫幾句話，沒想到社長竟然寫成：「吉田先生，針對這一次的事件，在此向您致上我最真摯的歉意。」社長完全弄錯顧客的名字，引發了不必要的麻煩。所以請務必多加留意。

至於內容的部分，比起道歉，我認為更好的作法，是把它當成「感謝函」來寫，例如：「誠摯感謝您的意見」、「謝謝您給我們這個大好的機會，讓我們能重新審視自家的服務」、「非常感謝您願意告訴我們哪裡做得不夠好」等。讓顧客能被你真摯的感謝而感動。請以「讓顧客會忍不住想上網公開分享」為目標，盡全力去寫吧！

客訴心理學

由主管階級的上位者署名，更容易向顧客展現組織全體重視客訴問題的態度。

具體行動

為了讓顧客願意繼續支持，致歉函最好由主管確認內容並署名後寄出，以展現公司整體的誠意。

086 後續關心的有效作法 3

以顧客滿意度問卷調查，做為後續的關心

以客訴應對的後續關心來說，最徹底的作法，就是針對客訴應對進行顧客滿意度問卷調查。

我想，除了我的客戶以外，應該沒有其他企業和店家會這麼做，不過我非常推薦這個作法。

如果你跟顧客說要填寫「客訴應對調查問卷」，會讓顧客有被當成投訴者看待的不舒服感，可能會引發另一起客訴。因此，最好的說法是：「想麻煩您針對我們這次的應對，填寫一份問卷。」至於問卷內容，具體來說要包含以下三個問題。

• 問卷項目

1 您是否滿意我們這一次的應對？

2 請針對應對者的儀態和用詞，寫下令您感到不舒服的地方，以及需要改進的建議。

3 如果您對於我們日後的服務有任何期待，請別客氣，儘管寫下來讓我們知道。

設計問題時的重點在於，不要針對「哪裡做得不夠好」等缺點來提問，應該盡量使用正面的表現方式，例如「您是否滿意」、「怎麼做才能讓我們變得更好」等。另一個重點是，詢問顧客對於你們日後的服務有什麼期待。這份問卷最大的目的，是透過詢問顧客對客訴應對的感想，一方面瞭解己方在應對上需要改進的地方，另一方面也可以知道己方該怎麼做，才會讓顧客願意繼續支持。

這份「針對本次應對的意見調查」的問卷，只要在應對結束後的致歉禮及致歉函送達之後，過幾天再以郵寄的方式寄給顧客就行了。

根據我的客戶的經驗，這份問卷的回收率平均可達七十三％（合計共五十四家企業及店家的統計）。更驚人的是，回覆這份問卷的顧客當中，回流率高達九十七％。由此可見，願意填寫問卷並回覆的顧客，都能感受到店家認真看待客訴問題，並且決心改變的態度，而對於這樣的店家，顧客也願意繼續給予支持。

客訴心理學

將願意填寫問卷並回覆的顧客人數，看作是成功使顧客轉怒為笑的人數，這麼一來就能獲得成就感。

具體行動

在致歉禮和致歉函送達之後，過幾天再郵寄滿意度問卷調查給顧客填寫，以確保顧客回流率。

087 設定應對時間的上限，才能在不浪費顧客時間的前提下解決問題

那些擅長應對客訴的組織，通常都會設定應對時間的上限。如果放任顧客一直抱怨，有時候可能要花上一個小時以上的時間，實在相當累人。

我自己也有過這種經驗，如果一大早就花了一個多小時在應對客訴電話，接下來一整天就幾乎沒有力氣再面對工作了。

雖然應對時間的上限沒有標準，但我認為，**一個人最多三十分鐘就是極限了**。可以肯定的是，如果把本書介紹的應對技巧全部用上，頂多十分鐘就能結束應對。

事實上，需要花上一個多小時來應對的情況，大概就是第一時間應對失敗的案

例，例如第一時間的道歉做得不夠，或者是沒有展現傾聽的態度，導致顧客更為光火，故意挑應對者的語病來百般刁難。

其他原因還有顧客說話像跳針一樣，不斷抱怨同樣的事情，也會讓應對時間愈拖愈長。

假設你在電話上應對客訴三十分鐘以上還沒辦法結束，這時候請「換其他人出面應對」。

你可以跟顧客說：「我瞭解您的意思了，關於這一點，我想先跟主管報告情況，在討論出解決方案之後，再回電給您，可以嗎？」以此來徵詢顧客的同意。

要換成主管出面應對時，諸如向主管報告顧客投訴的問題、討論組織該如何應對等事項，這些都需要時間，所以最好一個小時之後再回電。不過，你別忘了也要事先確認顧客方便的時間。透過這種掌握主導權、稍微空出時間的方式，讓顧客能夠冷靜下來。

換人出面一事，原則上以一人為限，也就是說，接下來出面應對的主管，就是最後的應對者。有些組織的作法也許會不停更換應對者，不過，最好還是盡量想辦法在第二名應對者的階段，就圓滿解決問題。要隨時提醒自己，不要浪費顧客太多不必要的時間。

客訴心理學

長時間應對客訴會使人身心俱疲，連帶影響到其他工作，因此，最好盡全力做好第一時間的應對。

具體行動

要是應對的時間超過三十分鐘以上，可以視為第一時間的應對已經失敗，這時候就該換人出面應對（換人以一次為限）。

088

要是下屬沒做筆記，可能導致事實遭到扭曲

當主管接替下屬來應對（二次應對）的時候，最要注意的一點，就是確認下屬報告內容的正確性。

前文曾提到，應對客訴時，很重要的一點是，在傾聽顧客說話時必須做筆記。這麼做是為了掌握「事實」，也就是顧客所說的內容。因此，主管必須根據下屬報告的事實來做出應對。

可是，假設你是在下屬沒有做筆記的情況下接手應對，很遺憾地，我必須說，別輕信下屬的報告，才是明智的作法。

這是因為下屬在接到客訴時，由於不想影響到自己的評價，為了明哲保身，通常會對主管隱瞞不利於自己的部分。

換言之，他的報告內容只是「有利於自己的意見和情況的解釋」，並非事實。二次應對時，最要避免的情況，就是說了顧客沒有說過的話，這會讓顧客更加生氣。如果因為下屬的報告有違事實，導致顧客氣得辯駁說：「我沒有說過這種話！」只會失去顧客的信任，就連二次應對也無法順利解決問題。

假使下屬當初沒有做筆記，你在接手之後，應該徵詢顧客的同意，請對方再述說一遍。

你可以這麼向顧客說：「造成您的不便，實在非常抱歉。我想之前我的部下〇〇〇應該已經跟您聊過了，不過現在由我接手負責，我想把您所說的內容做個簡單的紀錄，順便針對一些細節向您請教，不知道您是否可以再跟我說一遍您的問題？」

根據我的經驗，當顧客看到主管認真傾聽，甚至還邊做紀錄，通常會感受到不同於前一位應對者的態度，進而願意冷靜地再說一遍。由於是第二次描述，對顧客來說，表達時的思路邏輯和時間順序上都會比較清楚，能讓你更快速地準確掌握發生的事實。

客訴心理學

接到客訴的下屬，為了不影響自己的評價，通常會以「有利於自己的意見和情況的解釋」來向上呈報。

具體行動

二次應對只許成功，不許失敗，因此，你必須先確認下屬的報告內容是否屬實，才能開始應對。

089

做到客訴內容的內部共享，組織整體的應對能力才能獲得提升

直到現在，還有不少組織認為發生客訴是「很丟臉的事情」或是「醜聞」。一旦整個組織都是這種想法，客訴內容就沒辦法達到內部共享，將會導致同樣的客訴一再出現。

我有個當老闆的客戶曾經說過：「客訴幾乎都是發生在同一個人身上，可見得這是個人工作方式的問題。」真的是這樣嗎？

假設真的是個人工作方式的問題，那麼我們就無法否認，任何人都可能引發客訴。因此，將已經發生的客訴內容分享給整體組織內部，提醒大家小心做好預防，或者是制定明確的應對守則，就顯得十分重要。

某家網購平臺就曾經發生過出包事件，他們誤將促銷的地方特產年中禮盒，提前在年中節慶之前就寄出，引發許多顧客的抱怨和投訴。

出錯的原因就在於網路系統工程師一時疏忽，將禮盒設定成一般配送，才會導致商品提前出貨。

當時，顧客投訴的方式有直接打電話，或是透過電子郵件，而不同的管道有不同的應對人員。後來，雖然每一則客訴都順利獲得解決，但是完全沒有人將事件呈報給主管，也沒有做到訊息的內部共享，因此系統錯誤之處一直沒有被發現，導致後續又出現了上百起相同的客訴案件。

假設組織內部有一套流程能夠做到即時共享訊息，就不會發生這種事情了。

那些擅長應對客訴的組織，通常內部都有一套流程，一旦客訴發生，馬上會提出報告，將訊息傳達到整個組織。

有些組織為了不讓出包的員工受到責難，會在私底下把對方叫到會議室，提醒對方要多注意，但這種作法無法避免類似的客訴一再出現。

關於客訴訊息的共享方式，可以利用晨會時間向大家報告，或是以「重大案件報告」的內部電子郵件通知全體員工。如果是在晨會上報告，除了「最近發生了一則關於〇〇的客訴案件，請大家多加留意」之類的口頭提醒，最好做得更徹底一點，把日後發生相同事件時回應顧客的方法，以紙本的方式明確制定成一套應對指南。

客訴心理學

假使為了包庇被投訴者而沒有做到訊息共享，可能會導致日後其他人犯下同樣的錯誤。

具體行動

利用晨會時間或內部電子郵件分享客訴訊息，以防止相同情況再度發生，並達到提升組織應對能力的目標。

將失敗數據化，就能找到增加業績的方法

顧客一旦看中喜歡的商品或服務，就會願意持續支持。這是一種顧客心理。另外，像是超商、便當店、咖啡店、洗衣店、銀行等公司或住家附近的店家，由於就近方便，顧客也會願意持續利用，不考慮換其他店家。因此，基本上一般人對店家都不太會抱怨。假設哪一天他真的把抱怨說出口了，若是店家沒有好好應對，顧客一定會大失所望，甚至抱怨會升級為怒火：「我一直以來這麼支持你們，在你們這邊花了這麼多錢，沒想到竟然得到這種對待，實在不可原諒！」

其實，**客訴能夠數據化**，大家知道嗎？

也就是把應對失敗會造成將來多大的業績損失，轉換成數字來思考。

例如，以旅行社來說，假設有個顧客在每年的春假和暑假都會花費總計一百萬日圓出國旅行，算得上是旅行社的大客戶。可是，有一次這位顧客有點小小的不滿，旅行社卻沒有好好應對，導致顧客對其失去信賴，從此再也不找這家旅行社。這麼一來，等於該旅行社在未來的十年間，將損失原本應得的一千萬日圓業績。

這真的是意想不到的機會損失。如果這個事件被當成負面評價四處流傳，對企業來說可不只是利益損失而已，可能還會影響到商譽。

相反的，也有另一種案例是，有位顧客每兩年會進行一趟溫泉旅行，每次花費三萬日圓，他對旅行社提出嚴重客訴。在旅行社的妥善應對之下，顧客相當滿意，對旅行社產生信賴，後來除了原本的溫泉旅行以外，就連出國旅行也會找這家旅行社，每年花費高達上百萬日圓，十年下來就為旅行社帶來了千萬業績。

諸如此類的例子，在每個業界都是時有所聞的。

我在客服中心工作之前，也曾當過業務員，隨時都會把客訴應對轉換成業績數字來思考。大家在代表組織進行客訴應對時，一定也要隨時具備這種觀念。

客訴心理學

隨時想著「如果失去顧客的信賴，對將來的業績會造成多大的損失」，這麼一來，你自然會瞭解客訴應對的重大意義。

具體行動

把客訴當成大好機會，透過妥善的應對，為組織創造忠實顧客，增加業績。

最終章

免於被客訴的工作習慣

091 只重視效率的問題

如果只想著工作效率，眼裡就看不到顧客的需求

一般而言，「工作有效率」對上班族來說是基本常識，但是，有件事反而千萬不能講求效率，那就是「**和顧客之間的溝通**」。

對於和顧客的溝通，你必須重視效果，而不是講求效率。所謂重視效果，指的就是讓顧客滿意。

如果你只想著工作效率，當事情一多，又必須面對顧客的時候，就會以「處理、消化」的態度來對待顧客。

我家附近有間小餐館，有一次，一位客人向老闆抱怨：「是我先點餐的，為什麼那個人比我早拿到餐點？」

問題就出在，當時店員一心只想趕快消化訂單，卻沒有掌握好訂單的順序，只知道餐點做好了就趕快送出去，完全沒看到有客人正餓著肚子在等待。

面對客人的抱怨，店員只是向對方解釋：「因為每樣餐點烹煮的時間不一樣。」除此之外沒有一句道歉，就連客訴應對也毫無效率可言。從那件事之後過了半年，那間小餐館就收掉，沒再營業了。

一些經常被投訴的美髮沙龍，大多是為了提高業績，只想著如何多接幾個客人、如何有效率地提高客人的流動率。結果，由於有些客人姍姍來遲，造成排程無法如預期地有效率進行，導致接下來的客人因為等太久而心生不滿。又或者，顧客原本期待設計師能提供各種髮型上的建議，結果卻感覺被隨便應付，就算沒有當場抱怨，以後也肯定不會再上門光顧了。

重視預約人數和業績，雖然能夠帶來一時的利益，但這樣的利益很難長久。我很喜歡某位藝人說過的一句話：「**人氣要看的是久遠，不是熱度。**」若想要得到顧客長久的肯定和支持，記得也要重視顧客，建立良好的顧客關係。

客訴心理學

業績和顧客關係的長度會呈現正比，客訴的數量和良好的顧客關係則會呈現反比。

具體行動

想讓顧客滿意，就別只想著工作效率而「應付」顧客，而是要妥善「應對」才行。

092 提供自己體驗過覺得滿意的服務，顧客也會滿意

有家超商經常被投訴，所以也許是職業病吧，我總是會不知不覺地就走到那家超商，想觀察店家對客訴的反應。這家超商的工作態度果然會讓人想投訴，簡單來說，他們給人的第一印象就很差，店員從來不會微笑向顧客打招呼，至少我沒有看過的印象。這還不是最糟糕的，最讓人在意的，是門口一進來正對面的女性化妝品貨架。

上面貼著一張字條：「給愛偷這個貨架上的商品的人，只要抓到你，一定會馬上報警！」儼然就是在下戰帖……（笑）。這種語氣彷彿連一般的顧客都會被懷疑，讓人感覺十分不舒服。我實在很好奇，伸手拿這個貨架上商品的人，心裡會是什麼

感覺？從這張字條，可以明顯感受到店家對顧客的不信任。這種工作態度，只會讓人討厭。

相反的，免於被客訴的方法之一就是，**把自己體驗過覺得滿意的服務，用同樣的方式提供給顧客。**

這是某家計程車公司的老闆告訴我的一句話。他到外地出差的時候，當然也會搭到其他計程車公司的車子。有一次，他談完生意，走到大街上，正巧看到一輛計程車亮著空車燈，便伸手攔下車子。他一坐到車上，面帶微笑的司機馬上對他說：「讓您久等了！」讓這位老闆聽了很感動。

這位老闆並沒有等待太久，很感謝車子來得正好。可是，這位司機這麼一句簡單貼心的話，竟然就讓人心情變得特別好。那一刻，他覺得自己很幸運。後來，回到公司以後，他也把這個作法放進待客守則中，在自己的公司裡落實執行。

「這一次的經驗真的讓我上了一課，那一刻我才明白，計程車司機的工作不是只有把客人安全送到目的地而已。」他開心說著這句話的模樣，直到現在我還印象深刻。

從他人身上得到幸福的時候，也會激起自己為他人帶來幸福的欲望。這種心情會催生出更多良好的貼心服務。良好的貼心服務會像接力賽的棒子一樣，不斷地接力傳遞開來。

客訴心理學

自己當顧客時覺得滿意的事情，就是反思自身工作的契機。

具體行動

把自己當顧客時覺得不滿意的服務，拿來當成反面教材，就能降低被投訴的機率。

提高服務價值，效果比打折降價更好

在某些企業和店家的觀念裡，都認為商品打折會讓顧客開心，但是我並不這麼認為。

顧客會開心也只是頭一回而已，一旦降價以後，顧客就會開始期待接下來會不會更便宜。原價商品已經沒辦法滿足他，在你這家店裡，只有打折商品才會吸引他願意上門消費，至於其他高單價的商品，他只會到其他店家購買。

也就是說，企業和店家一旦調降商品價格，就會開始陷入惡性循環，到頭來不只是利潤減少，也討不到顧客的歡心。

大家知道嗎？數據資料顯示，**比起高單價的商品，便宜的商品反而更容易引來客訴。**

最明顯的行業就是旅遊業。舉例來說，某旅行社推出的溫泉旅館兩天一夜（附早晚餐）的行程，在九千八百日圓和一萬五千八百日圓兩種方案中，九千八百日圓優惠方案的客訴數量，是另一項方案的三倍以上（根據筆者調查）。

顧客投訴的理由大多是覺得「便宜沒好貨」。

例如，顧客在吃晚餐時，看到隔壁桌一萬五千八百日圓方案的菜色和品項都比較多，儘管是自己選擇比較便宜的方案，還是會忍不住生氣。用完餐回到房間之後，他會開始覺得窗外看出去的景色也不是很漂亮，於是心裡更加不滿，認為：「果然便宜的就只有這樣！」接下來，他也會開始針對其他部分挑毛病。

我的客戶是溫泉旅館的業者，他告訴我，退房時會向櫃檯抱怨「房間很髒」、「服務態度不好」的人，幾乎都是購買九千八百日圓方案的顧客。至於一萬五千八百日圓方案的顧客，每個人離開時都是帶著笑容不斷向櫃檯道謝：「謝謝你們，這兩天我過得非常開心！」（笑）。

打折降價的作法，沒辦法一直滿足顧客。**想讓顧客開心，重點在於要不斷追求並提升能力範圍內的最優質服務。**當顧客感受到超乎價格的服務時，自然不會有所抱怨，而且還會樂意掏出錢來。

客訴心理學

價格愈便宜，應該會讓顧客覺得「買到賺到」才對，但顧客反而會不由自主地注意到（自認為）便宜的原因，因而心生不滿。

具體行動

打折降價只會造成己方利潤的損失，應該提升服務的「價值」，才能得到顧客的滿意。

094 當你願意試圖瞭解顧客，就能找到不花錢而提供特別待遇的方法

有一種顧客從不抱怨，也不會要求折扣，甚至還會主動介紹許多新顧客上門。這種顧客就是忠實顧客。

那些擁有眾多忠實顧客的企業和店家，通常都不會發生客訴案件，員工每天都能在沒有客訴壓力的情況下開心工作。

這聽起來是不是很棒？你是不是也想在這種環境工作呢？

我認為，**關於打造忠實顧客的待客方法，最重要的就是成為「瞭解顧客的人」。**

我在前文說過，應對客訴最重要的，就是要成為瞭解顧客的人。在這裡也是一樣，因為這就是待客之道的「真理」。

在接待客人的時候，要怎麼做才能成為瞭解顧客的人呢？答案是，**以不花錢的方式提供顧客「特別待遇」。**

重點在於「不必花錢」。若要做到這件事，就必須先瞭解顧客。反過來說，當顧客覺得你對他非常瞭解的時候，自然會成為你的忠實顧客。

我很喜歡一家咖啡店，已經是店裡十年以上的老顧客了。我一年四季都只喝冰拿鐵，店裡的員工也知道這一點，所以每次只要我一踏進咖啡店，員工馬上會主動幫我製作冰拿鐵（笑）。不只是這樣，就連我喜歡坐哪個位置，他們都很清楚，所以連問都沒問，就會直接幫我把位置整理好。

每次進去，我都能感受到他們對我的瞭解，所以非常喜歡那家咖啡店，也成為他們的忠實顧客。

因為是忠實顧客，我經常在演講中提到那家店的名字，像個公關經理一樣，不斷對外散播正面的好口碑。我還會替這家店介紹新客人，所以咖啡店的店長也一直對我心懷感謝。

有一位客戶是遊戲公司的老闆，該公司遊樂場的店長是個相當知名的人物，因為他只要看到常來遊樂場的顧客打遊樂機臺時一直卡在同一個地方，過不了關，就會瞞著其他人，私底下偷偷為顧客示範如何過關，當場把顧客變成自己的粉絲（笑）。到最後，所有人都成為店長的忠實粉絲了。

客訴心理學

顧客只要覺得店家瞭解他，就會想要繼續上門光顧。

具體行動

想讓顧客變成自己的忠實粉絲，必須十分瞭解顧客，既然如此，就以不花錢的方式為顧客提供特別待遇。

095

先說出商品的缺點，再強調優點

大約有兩成的客訴，都是起因於顧客自己一廂情願的想法（根據筆者調查）。之所以會發生這一類的客訴，原因就是現場或是網頁上的商品說明不夠詳細。尤其是如果店家一心只想著要如何賣出商品、接到訂單，有時候在說明上就會只提到商品的優點和好處。

這種作法會造成顧客的期待更高，剛買到的時候當然很開心，但如果後來發現缺點和壞處，就會引發「為什麼當初都沒有提到這些？」「我不知道會這樣」之類的客訴抱怨。

那些沒有客訴的企業和店家，其共通點之一就是會把商品的優缺點確實告知顧客。如果你認為暴露缺點會影響業績，所以選擇隱瞞，一旦被顧客發現了，他就會有「被騙」的感覺，你反而會失去顧客的信賴。以長遠來看，這種觀念只會造成業績一路下滑。

關於把商品的優缺點告知顧客，有個很好的方法可以介紹給大家，就是**先說缺點，再說優點。**

你可以這麼跟顧客說：「雖然它的價格貴了一點，但列印速度是同類商品中最快的！」「這部分的性能可能贏不過其他廠牌的商品，不過我們的賣點在於……」

先後順序固然重要，但最重要的還是毫不隱瞞地將優缺點全數公開。

房仲公司最容易引發客訴的問題之一，就是房屋本身以外的其他情報，通常都是客戶入住之後才會發現。

例如「大廳總是髒亂不堪」、「樓上住戶的腳步聲太吵」、「不知道房屋正前方竟然要蓋新的大樓」等，讓客戶抱怨道，如果事前知道這些情況，就不會簽約了。

這個世界上沒有完美的商品，重要的是必須把顧客可能會覺得不滿意的部分清楚列出來，公開商品的所有情報。當顧客對商品有完整的瞭解之後，在願意接受的前提下購買商品，日後就不會有抱怨。

客訴心理學

關於缺點和優點等正反兩面的情報，比起一開始聽到的部分，後來聽到的反而印象比較深刻。

具體行動

將所有應該告知的情報全數提供，讓顧客在瞭解過後自行判斷並決定。

將客訴內容公開，讓顧客對你更加信賴

現在的消費者對企業愈來愈不信任，那種會受到企業的電視廣告吸引而去購買商品的人，已經愈來愈少了。

當然，消費者會透過廣告得知新商品上市的消息，至於會不會購買，就另當別論了。

現在的消費市場，已經是由社群媒體掌握主導權。各位現在所信任的，想必都是社群媒體朋友之間口耳相傳的情報和介紹。

舉例來說，你的社群媒體朋友看了電視廣告而購買某樣商品，在使用過後，將自己的感想和評論放上社群媒體。而看了評論的你，因此決定跟進購買。

不過，這個世界並非只有光靠社群媒體的情報才能促成消費，事實上，人與人之間的關係也能推動消費，就跟社群媒體問世之前的時代一樣。也就是說，**只有自己信賴的對象所提供的情報，才有辦法讓人掏錢出來消費。**

最根本的關鍵，還是在於有無信賴關係，這一點從以前到現在都沒有改變。

既然如此，在社群媒體上沒有往來、尚未建立信賴關係的顧客，會從哪個部分開始對企業產生信賴感呢？

答案是，公開情報的內容。在前文提到，不論優缺點，所有情報都應該全部公開。**更進一步來說，能夠贏得信賴的情報，就是把過去的客訴內容向所有顧客公開。**

有位優秀的保險業務員在跟顧客拉保險時，直接老實地向對方說：「這張保單理賠的部分，並不包括門診手術，這一點要特別提醒您。以前我就曾經因為忘了跟客戶說明這一點，害得客戶後來大發雷霆。」

還有另一位室內設計裝潢公司的老闆，在自己的臉書上貼文寫道：「關於重拉排水管線，如果只做廚房，到後來一定會追加洗手臺和衛浴的部分，所以事前請務必謹慎考慮。#總是有顧客抱怨為什麼事前都沒說」後來，有新客戶看到這則貼文，便將七百萬日圓的裝修案委託給他的公司處理。

當客訴發生時，不必覺得自己「搞砸了」，不妨把自己從中學習到的經驗，以及工作方式的改變等全部公開，當成贏得顧客信賴的大好機會。

客訴心理學

顧客不想花冤枉錢，都會想知道過去曾發生過什麼客訴案件。

具體行動

誠實說出自己過去被投訴的案例，藉此贏得顧客的完全信賴。

097 把缺點轉換成優點，自然會吸引對你的工作有共鳴的人

有些企業和店家對於自家商品的缺點及壞處，會抱著「沒辦法，就是這樣」的放棄心態。

例如：「我們離車站太遠了，顧客根本不會上門」、「我們的知名度太低了，難怪業績不好」等，整天只會哀聲嘆氣。

可是，也是有企業和店家雖然地處不便，仍舊門庭若市，每天大排長龍，或者是雖然沒有什麼知名度，卻擁有不少死忠顧客的支持。對顧客而言，他不會覺得這些店家「離車站太遠，交通不便」，而是把它當成「**隱藏版店家**」來看待；他也不會覺得店家「知名度太低」，而是抱著「**只有我知道**」的心情，默默地死忠支持對方。

因此，最重要的是，自己不要把缺點當成缺點去思考，可以用正面的說法來包裝，當作宣傳。就算交通不便、知名度太低，也要拋開這些念頭，認真面對工作，努力讓眼前的顧客露出滿意的笑容。

各位知道東京都墨田區有一家名叫「千輪」的自行車店嗎？這家自行車店不賣自行車，老闆長谷川勝之原本是大型自行車連鎖店的員工，他看到許多顧客牽著壞掉的自行車來到店裡，即便自行車修一修就能繼續騎，大家還是二話不說就直接購買新車。雖然他對此深感不解，但站在店家的立場，當然很樂意見到顧客直接買新車，因為修理費工又費時，相較之下，顧客直接買新車還能有效率地提高業績。

只不過，對自行車充滿熱情的他，還是經常修理自行車，也希望有更多人願意騎這些修理過的自行車，於是他決定辭掉工作，獨立開了這家名為「千輪」的自行車雜貨店。

「千輪」完全不賣自行車，只提供維修服務，另外，為了讓大家願意過來，店裡也販售一些可愛的自行車專用配件及裝飾品，使得愈來愈多顧客對自己的自行車產生感情。長谷川先生也許下宏願，希望有一天這個世界上再也沒有被丟棄的自行車。為了實現這個夢想，他每天持續努力著。

他的這個願景，在許多人心中引起共鳴，紛紛從全國各地來到「千輪」找他修理自行車，或是向他買東西。現在，他已經擁有許多忠實顧客，每天都很開心地面對自己的工作。

客訴心理學

把缺點轉換成優點之後，就會有動力為了顧客的滿意或是這個世界而努力工作。

具體行動

工作時，隨時思考自己的工作能為誰帶來幸福，或者是跟社會有何關聯。

用正面的態度看待客訴，改善自己的服務內容

比起透過企畫會議上的討論，事實上，很多新商品和服務內容的靈感，都是來自於顧客投訴的內容。

我自己也有這種經驗，有一次，有個自稱是家電量販店電視部門負責人的長井先生來聽我的演講，在會後分享了自己遇到的客訴案例。

他說，每次只要有顧客向他投訴：「我根本沒有想要買，可是你一直拉著我介紹，好像在強迫推銷一樣，讓人感覺不太舒服。」他都不知道該怎麼回應對方。

我對長井先生有非常好的印象，因為他的個性十分認真老實。

其實他並沒有強迫推銷，只是他對商品非常用心，比任何人都還要瞭解電視。但現在，他覺得自己的熱心反而害得顧客覺得不舒服。於是我建議他：

「你為何不乾脆去做一條揹帶，上面寫著『全日本花最長時間介紹商品的銷售員』，專門針對想聽詳細介紹的顧客說明就好，反正你的名字都叫『長井』了。這個點子不錯吧？」（譯註：日文「長井」的讀音為「nagai」，和意思為「很長、很久」的「長い」讀音相同。）

長井先生聽完之後當場笑了出來，說：「這個點子還真是幽默！」然後就離開了。後來，我收到他的來信，內容寫道：「做揹帶太丟臉了，不過我做了一個『全日本商品介紹最詳細的電視達人長井』的名牌，別在衣服上，每天站在店門口迎接顧客。」

從那之後，一些對最新電視商品完全沒有概念的人，或是想要聽完詳細介紹後再做決定的人，都會主動找他請教。他非常高興，因為現在不僅可以好好地跟顧客說明，彼此也能建立良好的溝通關係。他認為，這次的經驗是個大好機會，讓他能**藉由客訴來增加自己的服務內容**。最近，一些家電廠商和量販店也開始有所謂的「家電專員」，也就是對家電商品有詳細瞭解的專業服務人員。從這一點來說，我認為長井先生才是這方面的先驅（笑）。

客訴心理學

改用正面的態度看待客訴，價值觀就會有所翻轉，更容易得到提供服務的新靈感。

具體行動

所謂良藥苦口，想要增加讓顧客滿意的服務，不妨先改變自己的態度，把「苦」當成「樂」看待。

099 只要讓下屬開心工作，客訴案件自然會大幅減少

事實上，有個很簡單的方法可以避免被投訴。

不是加強第一線人員的接待能力以提升顧客滿意度，而是**想辦法提升在第一線做事的員工的滿意度。簡單來說，就是讓下屬開心工作。**

要怎麼做呢？方法就是，讓員工明確瞭解工作的目的和意義。

這是某家購物中心的案例，公司裡來了一個從其他業界轉換跑道而來，能力十分優秀的新任主管。

他上任後的第一件事情，就是在購物中心的大門口設置了一個問卷調查箱。

經過幾個星期後，他再回收問卷，發現最多顧客反應的一點，竟然是停車場警衛的工作態度。很多人都提出嚴重的抱怨，包括「看起來很兇，沒有笑容」、「態度冷淡，感受不到任何一絲以客為尊的感覺」等。

以我個人的想法，停車場人員的工作，最重要的是引導顧客的車子，使車道保持流暢，確保安全，至於笑容和待客精神，也許不是那麼必要。

不過，這位新任主管在看到投訴內容之後，馬上著手進行改善。他用的方法令人十分驚豔。

他沒有把這些顧客的投訴內容轉達給警衛，提醒對方要注意。

他利用所有警衛都在場的晨會時間告訴大家：「各位，從顧客踏入你們負責維安的停車場那一刻起，他們愉快的採買時間就已經開始了。所以，身為專業的警衛人員，讓我們用微笑和待客精神來迎接顧客吧！相信顧客看到了也會非常開心！」

聽完他這一番話，所有警衛的工作態度馬上一百八十度大轉變。從那之後，回收的顧客問卷裡，再也沒有出現過相同的客訴內容。

否定一個人，並不會讓他改變。透過這個案例，我們可以看見，雖然這位主管沒有以身示範如何改變行為，但他藉由傳達工作的目的和意義，成功讓所有警衛主動做出轉變。我認為，這是一個為大家示範了減少客訴之方法的絕佳例子。

客訴心理學

第一線人員開心地工作，顧客自然會感到滿意。

具體行動

為了減少客訴，記得想辦法讓第一線人員能夠開心面對工作。

打從心底樂在工作，就能用笑容面對工作，客訴也會跟著減少

在這個所謂的客訴社會中，有人每天面對客訴，心力交瘁，但也有人與客訴絕緣，可以毫無壓力地工作，而且深受顧客歡迎，每天都很有成就感。

為什麼會有這樣大的差異呢？我想，原因就在於對工作的熱愛程度不同。疲於應對客訴的人，通常都無法樂在工作，工作只是他逼不得已的選擇。面對顧客的時候也是一樣，他完全不在乎顧客，也不會站在顧客的立場思考該提供什麼樣的服務。

為什麼這些人無法樂在工作中呢？那是因為，他們工作只是為了賺錢，覺得自

己只是用人生寶貴的時間去換取金錢。

那種認為工作只是為了賺錢的人，在遇到客訴的時候，會有「吃虧」的感覺。明明還有其他員工在場，為什麼只有自己要面對客訴？這一點都不公平。這種心情會被顧客看穿，因此惹得顧客更生氣。說句實話，誰也沒有占到便宜。

如果你也想成為客訴絕緣體，在毫無壓力的環境工作，那麼就要讓自己樂在工作。至於該怎麼做，方法就是想辦法讓眼前的顧客開心。

如果一個人只是為了賺錢而工作，心靈上是沒辦法獲得滿足的。真正能夠從工作中獲得的心靈滿足，是在賺到錢之前，先看見顧客開心、滿意的笑容，然後獲得相對價值的財富之際。

換言之，不是賺到錢之後才覺得開心，而是當你感受到顧客的喜悅時，工作就會變成一件開心的事。只要你樂在工作，笑容自然會跟著增加。

對於一個會努力讓眼前的顧客開心的人，沒有人會有任何一句抱怨。只有用「辦不到」來回應顧客，什麼都不願意做的人，客訴才會接二連三地一直找上門。

客訴心理學

如果只是把工作當成賺錢的手段，心靈會漸漸被消耗，也會容易引發客訴。

具體行動

為了讓顧客開心，請全力以赴地面對眼前的工作，這麼一來，顧客會滿意，客訴會減少，工作也跟著變成一件開心的事。

結語

不知道以上的內容是否對各位有所幫助？

過去我在客服中心工作的時候，非常希望自己能夠成為一個擅於應對客訴的人。之所以這麼想，原因之一是我非常渴望擁有一項能夠在孩子面前誇耀的工作技能。過去，我每天都帶著憂鬱的心情去上班，只希望平安無事度過就好，對工作毫無熱情可言，覺得自己只是個什麼都沒有的大人。

後來，我開始有了自私的奢望，想成為孩子眼中帥氣的父親，於是開始認真面對工作，渴望在客訴應對上變得更擅長。

經過不斷的失敗和錯誤嘗試，我終於漸漸找到了讓顧客轉怒為笑的方法。

原本抱怨不停的顧客，後來都會開心地告訴我：「既然你都這麼說了，這一次就算了。」「我就相信你說的話，我會繼續支持你們的，接下來就拜託了！」「你都做到這種地步了，我怎麼可能還能對你抱怨什麼！」聽到這種話時，那種打從心裡開心、感動的心情，我到現在還忘不了。對於那些曾經對我說過這些話的顧客，我只有滿心的感謝。

除此之外，沒想到我竟然也有能力讓氣憤難平的人轉怒為笑，我覺得自己就像搞笑藝人一樣，簡直帥呆了（笑）！

對於年輕時原本立志要成為藝人，後來卻因挫敗而放棄的我來說，應對客訴如今成了我的武器，同時也是能在孩子面前誇耀的技能。

我將自己過去所有的經驗彙集起來，做了有系統的整理，寫成各位現在手中的這本書。

我一開始收到這個寫作企畫時，其實心裡很懷疑：「真的有辦法整理出一百則這麼多嗎？！」（笑）不過，我還是要謝謝 JMAM 的編輯東壽浩先生提供了這個大好機會，讓我重新針對自己的客訴應對技巧和經驗，做進一步的探究與整理，在此我要向他獻上衷心的感謝。

寫完這本書之後，現在我心裡想的是，大概還有一百個法則還沒有介紹吧。所以，接下來我希望能透過演講、講座或是電視節目來為大家說明，到時候請大家務必大膽提問囉（笑）。

感謝大家閱讀到最後，謝謝。

谷　厚志

客訴應對的100條法則：讓客人轉怒為笑的必勝技巧
失敗しない！クレーム対応100の法則

作　　者——谷厚志
譯　　者——賴郁婷
封面設計——江孟達
內文設計——劉好音
執行編輯——洪禎璐
責任編輯——劉文駿
業務發行——王綬晨、邱紹溢、劉文雅
行銷企劃——黃羿潔
副總編輯——張海靜
總 編 輯——王思迅
發 行 人——蘇拾平
出　　版——如果出版
發　　行——大雁出版基地
地　　址——231030新北市新店區北新路三段207-3號5樓
電　　話——（02）8913-1005
傳　　真——（02）8913-1056
讀者傳真服務—（02）8913-1056
讀者服務E-mail— andbooks@andbooks.com.tw
劃撥帳號 19983379
戶　　名 大雁文化事業股份有限公司
出版日期 2023年8月 初版
定　　價 420元
ISBN 978-626-7334-19-5

國家圖書館出版品預行編目資料

客訴應對的100條法則：讓客人轉怒為笑的必勝技巧／谷厚志著；賴郁婷譯. – 初版. – 臺北市：如果出版：大雁出版基地發行，2023. 08
面；公分
譯自：失敗しない！クレーム対応100の法則
ISBN 978-626-7334-19-5（平裝）

1. 顧客關係管理　2. 顧客服務

496.7　　112011148

如果